拿拿摳的

厭世甜點店

蛋糕、派塔、小餅乾，拯救厭世人生的42道甜點

拿拿摳——著

絕對值得收藏的甜點書

與拿拿摳相識多年，緣起於甜點；成為彼此的夥伴，源自於夢想。

私底下的他，像隻貓，靜靜的、慵懶懶的，不太帶勁兒，能躺著絕對不坐，能坐著絕對不站著，跟鏡頭前那個聲音大聲、活力滿滿、憤世嫉俗的拿拿摳有著天壤之別。

性格敏感略帶點神經質跟瘋癲，上一秒還哼著歌，下一秒大罵自己是豬，喜歡盯著自己的手，大讚怎麼這麼美。然而思路清晰的他，總能在我迷惘、低落、猶豫不決的時候，幫我點盞明燈；富有正義感的他，曾經因為我的帳號被鎖，打了整整兩天的電話幫我跟客服抗爭；邏輯很好的他，總能第一時間把最快、最有利的方向找出來。

記得「厭世甜點店」頻道初期，是晚上八點、店打烊之後才準備場景，開始拍攝，順利的話大約凌晨一點可以結束，不順的話……印象最深的是舒芙蕾，快凌晨兩點，還在打蛋白！

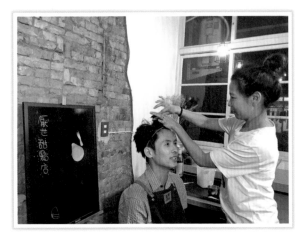

晚上八點後，「厭世甜點店」才正準備開始。

甜點可不容易，要教什麼？大家是否願意跟著做？確定品項後，事前的備料準備工作要兩天，然而白天都在顧店、做甜點的拿拿摳哪來的時間準備？所以忙到凌晨是常有的事兒。是常聽到他喊累，但卻沒聽過他說苦；是常聽到他抱怨，但就沒看他鬆懈過。

　　在追求夢想的道路上，別人當馬拉松跑，調節呼吸、分配體力、速度調整。但拿拿摳把馬拉松當一百公尺在跑，總是全力衝刺，不斷挑戰自己的極限。現在更上層樓，出了自己的食譜書，將動態的、廢話很多、帶些黃色的教學影片去蕪存菁，變成靜態的工具書，絕對值得收藏！

　　請大家多多支持我的這顆搖錢樹，讓他日漸茁壯！拜託拜託！謝謝謝謝！！

「給冷鴿手作甜點」合夥人 aka「厭世甜點店」助理主持人

白天顧店、做甜點，晚上拍影片，拿拿摳就是這麼拼！

讓你成就感滿滿的烘焙書 ─────────

　　哈囉哈囉大家好，我是拿拿摳，從一個 YouTuber 如今跨足到實體食譜書作者，說實在話，心境是戰戰兢兢如履薄冰啊！幸而每一次不同甜點教學影片的推出，得到的回饋都是正面讚賞，故而萌生了將帶給觀眾快樂與期待的甜點食譜集結成冊的念頭。

　　不同於影像的活潑生動插科打諢，書籍的專業及可看度自然是重中之重。所以在撰寫本書時，濃縮了我在製作甜點的心法，也將細微的技巧與讀者分享，希冀大家可以在烘焙時減少風險，順順利利滿足各方味蕾。

　　本書能夠產出，首先要感謝一路從 1 訂閱到如今約 24 萬的 YouTube 粉絲，每一次大家成功製作出美味甜點並且開心分享，都是對於我的食譜設計的肯定，讓我有足夠的信心接受出版社的邀請，也算是我從事甜點教學一個莫大的里程碑。

　　還有兩位學弟大白、Taco，在相處中發掘出我的性格獨特性和可塑性，以及我本身可能就是一塊美玉，是他們兢兢業業地在幕後設計企劃，才能夠讓「厭世甜點店」陸續有新的作品，讓更多人用毫無壓力的方式接觸甜點製作的領域，從中去探索更多手作的樂趣跟成就感。

　　還要感謝我的甜點店合夥人──多多，在我於經營甜點店和影片拍攝奔波忙碌時，她情義相挺，毫無保留的當我最佳後援，也能夠適時的寬慰我因壓力而緊繃的神經，用成熟人妻的角度開解我愛鑽牛角尖的死胡同。人生能得此閨蜜益友真為一大樂事。

如果你是因為這本書才認識拿拿摳，相信我，你也不會失望、錢也沒有白花，不敢說這是最棒的，但它絕對是讓你最有成就感的一本烘焙書。本書收錄的甜點難易適中豐富多彩，既可孤芳自賞更可登大雅之堂，進可促進人際關係健全發展，退可滿足味蕾大快朵頤，立於不敗之地。

　　人生繁忙無常，每個人都有來自生活感情、人際關係、金錢物質的各方壓力，甜點製作算是如今非常優雅，又可以達到樂於分享境界的紓壓方式，不只在過程中的味覺探索和食材搭配變化令人著迷，最終的成品也透過最直接的味覺感官，體驗到箇中奧妙。

　　我相信，你動手開始後一定跟當初的我一樣，為此深深著迷。事不宜遲，讓拿拿摳在烘焙的路上跟你結伴成行，成為你製作甜點路上最棒的金石之交！

頻道 10 萬訂閱的紀念照。感謝大白、Taco、多多跟我一起勇往直前。

Contents

Part 1　點閱 Top ！最受歡迎的人氣甜點

準備基本工具

拿拿摳帶你逛烘焙店
買齊工具

　　烘焙工具琳瑯滿目，該如何挑選才能用最經濟的預算，買到最實用的工具？就讓精明的拿拿摳帶大家一次買齊基本工具，邁向光明的甜點之路。

電子秤

選擇最小秤重 0.5 公克，最大耐重 3 公斤。秤面廣較不會擋住刻度，檯面不容易搖晃、重心才不會被影響。

篩網

細篩可過濾果汁麵粉類，粗篩則可針對顆粒較大的杏仁粉。

手持攪拌器

可輕鬆完成鮮奶油和蛋白、全蛋的打發，混合麵糊跟乳酪糊。選擇可切換低中高速段數多，並有多種攪拌頭的機型。

打蛋器

處理蛋液或是快速拌勻流動性麵糊。

耐熱刮刀

選擇一體成形以免死角難以清理，可常備一長一短，另選擇硬頭會比較通用省力。

不鏽鋼鋼盆

不鏽鋼容易清潔、不會發霉，弧形沒有直角容易攪拌。家用建議可以準備直徑 24 ～ 26cm 的至少 2 個，寬口使用上較順手。

陽極模具

舉凡海綿蛋糕、乳酪蛋糕、磅蛋糕都可使用，可依情況購入 6、7、8 吋模具。

擀麵棍

簡單的塔皮製作或是麵團整形可用木製即可，可選具有一定重量者較省力，清洗也快速。

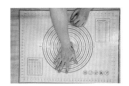

揉麵墊

挑選具有良好的吸附性，揉製過程中不會偏移即可。

隔熱手套

出爐時必備防護手套，保護你的纖纖玉指。

矽膠刷

刷上蛋液或是果膠的基礎工具。另也有毛刷，可以刷出均勻的蛋液，但在清潔上較麻煩，也較易掉毛。

烘焙紙

有防沾黏的特性，用它將烤盤模具和食材隔開，就不用擔心沾黏的問題。

量杯

推薦不鏽鋼且有清楚刻度，盡量避免使用不耐熱塑膠材質，倒進高溫液體時塑膠有可能產生有害物質。

常用材料

拿拿摳帶你逛烘焙店
買齊材料

　　採買甜點材料的最大重點，就是直接去烘焙材料行購買，不要妄想在一般超市、量販店可以找到你想要的東西，請到專業的烘焙材料行走一趟，裡面應有盡有，一次買齊！

麵粉

麵粉以蛋白質含量不同，分成低筋、中筋、高筋。
低筋：筋性最低，蛋白質含量在 6.5 ～ 9.5%，通常用來製作海綿蛋糕、餅乾及需要酥鬆口感的小西點。
中筋：蛋白質含量約在 9.5 ～ 11.5%，麵粉筋性適中，適合用於中式麵點的製作。
高筋：蛋白質含量超過 11.5%，通常用來製作口感扎實的麵包類。

苦甜巧克力

黑巧克力的一種，是最純的巧克力，至少含有 35% 以上的可可固形物，幾乎不含有牛奶。製作甜點時，常用的是 70% ～ 73% 苦甜巧克力。

白巧克力

適合調和不同口味做成夾餡上使用，或者可用來做塔皮的防水層。

可可粉

大部分使用無糖可可粉，可用來做出巧克力口味的海綿或戚風蛋糕皮。

二號砂糖

又簡稱為二砂糖、二砂,是帶點琥珀色的糖,顆粒較大,烘烤後可保留酥脆口感。含有微量的礦物質及有機物,與白砂糖相比,保留了更多蔗香。甜點成色也會帶點橘黃。

黑糖

黑糖是由加工後的白糖與萃取出的糖蜜再製而成,成品有較深沉多元的風味。適合搭配黑巧克力以及替換砂糖增添風味。

糖粉、防潮糖粉

糖粉是一種極微粒的細砂糖粉,質地較砂糖更細緻,適合用於馬卡龍、餅乾、糖霜製作。防潮糖粉抗潮、常用來裝飾甜點、蛋糕、塔類,不會因冷藏或潮濕環境而變成糖水狀態。

動物性鮮奶油

烘焙常用的鮮奶油,含有約 35% 的乳脂肪,打發後可製作成香緹慕斯,也可為乳酪蛋糕增添乳香。有些布丁除了牛奶也會加入適量鮮奶油。

酸奶

酸奶(Sour Cream)的原料是牛奶、蔗糖和乳酸菌發酵劑,在起司蛋糕中加入酸奶,可以讓蛋糕麵糊不至於過於黏稠,擁有滑順不黏膩的口感。

優格

鮮奶加乳酸菌就可自製優格。製作磅蛋糕可加入優格讓整體更濕潤。也常被用來製作低卡甜點。

奶油乳酪

奶油乳酪（Cream Cheese）是起司蛋糕的重點原料。每間廠牌的乳香口感稍有差異，可依口味習慣挑選。

馬斯卡彭乳酪

馬斯卡彭乳酪（Mascarpone）偏白、質地細緻柔軟，較一般奶油乳酪更為清爽，在蛋糕捲鮮奶油內餡適量加入，可讓口感更豐富並帶有優雅乳香。也是製作提拉米蘇的主要原料。

玉米粉

不含任何麩質、筋性。在甜點製作中則常用來幫助糊化，如香草卡士達醬或是熬煮固態果醬。

泡打粉

又稱為發粉，市面上以無鋁泡打粉為大宗。具有使烘焙後成品體積膨脹變大，常用在磅蛋糕、發糕的製作。

發酵無鹽奶油

乳糖含量較一般奶油低，品嘗起來有乳酸發酵的微酸味道，乳脂香味更重。

吉利丁

吉利丁是從動物皮或牛骨、魚骨提煉出來的一種蛋白質，又稱為明膠，素食者不可食用。有吉利丁片與吉利丁粉兩種，差別在於形體不同，通常用來製作果凍或慕斯甜點。

堅果

常見的有核桃、胡桃、榛果、杏仁片、南瓜子等,常與可可類的甜點搭配,有提升巧克力口感層次的效果。

果乾

常使用的有葡萄乾、蔓越莓乾、草莓乾、藍莓乾等。製作餅乾、磅蛋糕時,可增加口感與酸味。

香草籽醬

以天然香草材料製成,具有濃郁天然的香草香味,可壓制蛋腥味。

紅心雞蛋

讓成品的色澤更漂亮,偏向橘黃色。

Part 1

點閱 Top！
最受歡迎的人氣甜點

 古早味蛋糕　　連天公伯也愛吃的傳統美味

 焦糖布丁　　絕對比市面布丁好吃 100 倍

 芋頭酥　　西式甜點師都愛的中式小點

 甜心草莓司康　　擄獲千萬少女心的酸甜滋味

 舒芙蕾　　讓你身心靈向上提升的舒服甜點

 可麗露　　讓人又愛又恨的小妖精

古早味蛋糕

連天公伯也愛吃的傳統美味

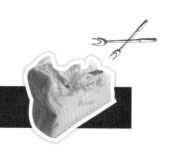

這款古早味蛋糕的配方經過我改良調整後，吃起來不僅綿密，而且香氣十足。

在蛋糕表面鋪上了蘋果花朵，除了增加視覺效果外，蘋果的微酸滋味中和了蛋糕的風味，徹底收服了厭世團隊，是第一款在錄影現場就被吃完的甜點，果然大白、Taco 就適合這種 Local 甜點（稱讚意味）。

示範影片

低筋麵粉	60g	香草籽醬	少許
全蛋	3 顆	蘭姆酒	2g
牛奶	50g	小型蘋果	1 顆
植物油	30g		
二號砂糖	30g		
蜂蜜	10g		

▌模具

六吋圓形模

作法

蘋果切片

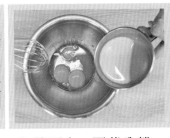 

❶ 將蘋果洗淨不削皮，頭尾果蒂、果核去除，再切成薄片。

❷ 將切好的蘋果片浸泡在鹽水中備用，避免變黃。

製作蛋黃糊

 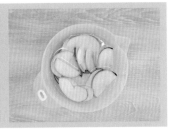 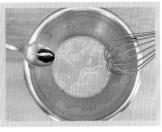

❸ 將蛋白、蛋黃分離。在蛋黃中加入常溫牛奶、植物油，拌勻。

❹ 加入蜂蜜，持續攪拌均勻。

❺ 加入 2 ～ 3 滴的香草籽醬，攪拌均勻。

❻ 加入蘭姆酒，增添一些酒香。

❼ 將過篩的低筋麵粉分兩次加入，攪拌均勻，蛋黃糊就完成了。

打發蛋白

 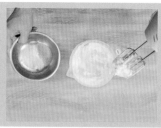 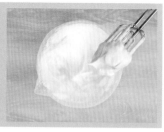

❽ 利用手持攪拌器以中速攪拌蛋白至有些許氣泡時，加入一半砂糖，繼續打發。

❾ 待泡泡變得細緻，再加入另一半的砂糖。

❿ 蛋白打至濕性發泡，提起來有點垂下來又不會滴落的狀態。

混合

⓫ 將蛋白霜分兩次加入步驟 7 的蛋黃糊裡，用切拌的方式混合，避免消泡。

烘烤

⓬ 將麵糊填入烤模中，約五分滿，再將烤模輕敲桌面，將氣泡震出，最後再將蘋果片鋪成花朵形狀即可。

 Tips 烤過後會膨脹，切記不要填太滿。

⓭ 放入預熱好的烤箱，以上下火180度烘烤25分鐘。使用氣炸鍋，以150度烤20分鐘後，如未全熟再以3分鐘為單位加烤。

Tips 用蛋糕測試針或筷子插入蛋糕中間，拔起來後如果有沾黏麵糊，就再多烤3分鐘。

拿拿摳厭世語錄

傳統的拜拜蛋糕上面插的是塑膠花，
拿拿摳很用心的自己做出花紋，
這是討好婆媽的最好方式，一舉獲得最佳好媳婦的稱號！

焦糖布丁

絕對比市面布丁好吃 100 倍

我在 YouTube 頻道中分享過兩道布丁影片，兩個加起來有破百萬的觀看人數，可以說是超級人氣王！

微苦的焦糖，將布丁的甜味帶領出來，甜中帶苦的風味，加上入口即化的軟嫩口感，絕對完勝市面上的布丁，一起告別甜蒸蛋吧！這也是大白唯一會在我店裡買的甜點，因為最便宜。

示範影片
電鍋版

示範影片
烤箱版

材料

牛奶	400g		**焦糖體**		
動物性鮮奶油	280g		二號砂糖	90g	
全蛋	1 顆		冷開水	20g	
蛋黃	3 顆		熱開水	30g	
二號砂糖	50g				
香草籽醬	1 茶匙		**模型**		
			120ml 耐熱布丁杯	7 個	

作法

製作焦糖體

❶ 將砂糖、冷開水倒入鍋中，以中小火加熱，等到焦糖變成深褐色，再加入熱水並搖晃均勻即完成。

Tips 焦糖加熱後即要立即使用，所以不要一次煮太大量。

❷ 將焦糖倒入布丁杯子中，鋪滿底層，在室溫靜置冷卻，再放於冷凍，讓焦糖硬化。

製作布丁液

❸ 準備一個可明火加熱的鍋子,將鮮奶油、牛奶、砂糖放入,攪拌均勻後,再加入香草籽醬攪拌一下。

Tips 如果預算考量,想要加香精也可以,或是都不加也可以,但就是會少一味。

❹ 將布丁液以中小火加熱至 80 度,大約是鍋邊冒起小泡泡的程度,即可關火。

❺ 加熱後再用保鮮膜包覆鍋子,稍微悶一下,可以讓香草籽的風味更鮮明。

Tips 可以用測溫槍測量,大約悶到 60 度,即可進行下一個步驟。

❻ 先將一顆全蛋與三顆蛋黃攪拌均勻,再將布丁液一邊緩緩倒入,一邊快速攪拌。

Tips 此時布丁液的溫度還是有點高,如果倒入蛋液中的速度太快,有可能會變成蛋花湯,影響口感。

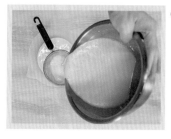

❼ 將布丁液過篩,將多餘的氣泡濾除,如果不小心產生蛋花,也可以一併過濾掉。

烘烤

❽ 將布丁液倒入步驟 2 的焦糖杯中，大約 8 ～ 9 分滿。將布丁放入有深度的烤盤，並在烤盤裡加入 70 度的熱水，大約 1/5 高。

❾ 烤箱預熱至 150 度後，放入烤盤，並在布丁表面蓋上烘焙紙，烘烤約 1 小時，烘烤完成必需放於室溫冷卻，再移至冰箱冷藏至少 6 小時，布丁才不會水水的。

Tips 蓋上烘焙紙，可避免離上火太近，讓表面產生的布皮盡量薄一點。

拿拿摳厭世語錄

請問拿拿摳，沒有牛奶怎麼辦？
那就去買！！！！！！

翻白眼指數　★ ★ ★ ★ ★

芋頭酥

西式甜點師都愛的中式小點

細數芋頭甜點，芋頭酥還是最有人氣，雖然我本身不愛芋頭，但透過層層堆疊的手法創造出的酥感，讓芋頭酥別具特色，天然粉紫色又更添貴氣。

自製的芋頭餡可依喜好調整甜度，是芋頭控必學必吃也必買的一道中式點心。

示範影片

材料

▌芋頭餡

切塊芋頭	270g
無鹽奶油	15g
二號砂糖	45g
鹽巴	1 小撮
動物性鮮奶油	適量

▌油皮

高筋麵粉	30g
低筋麵粉	60g
豬油	40g
糖粉	15g
鹽巴	1 小撮
冰水	35g

▌油酥

低筋麵粉	120g
豬油	60g
紫薯粉	15g

作法

製作芋頭餡

❶ 將芋頭切塊放入電鍋，外鍋加入 300ml 的水，將芋頭蒸熟。

❷ 將蒸好的芋頭用湯匙壓成泥碎狀。

❸ 趁芋泥還帶點溫度時，加入砂糖、奶油、鹽巴並用湯匙按壓拌勻。

❹ 加入鮮奶油攪拌均勻，增加奶香。

Tips 鮮奶油的分量取決於芋泥的狀態，如果芋泥太乾可以多加一點。

❺ 分切芋泥，每個大約30g，揉成圓球狀後備用。

製作油皮

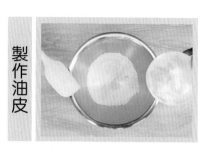

❻ 將豬油、過篩好的高筋與低筋麵粉、鹽、糖放入攪拌盆中，用刮刀以切拌的方式，將所有材料混合至看不見粉末為止。

❼ 接著將冰水分兩次加入，繼續以切拌的方式將材料混合，拌至水分完全吸收成團狀即可，不用過度攪拌。

❽ 將油皮麵團推出去再捲回來，反覆推揉，直到不會沾黏在墊子上即可。

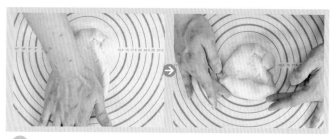

Tips 揉好的麵團表面呈光滑狀且不黏手。

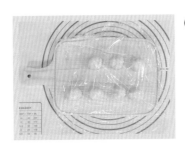

❾ 分切油皮麵團，每個大約 24g，揉成圓球狀，再用保鮮膜包覆備用。

 蓋上保鮮膜讓麵團靜置鬆弛，也可避免變乾。

製作油酥

❿ 製作油酥。將豬油、過篩的低筋麵粉加入盆中，以切拌的方式混合至粗粒狀，再用手捏揉成團。

⓫ 加入紫薯粉，使油酥麵團均勻上色。

Tips 揉得越均勻，成品的層次就會越漂亮！

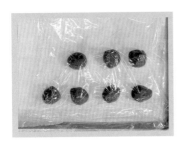

⓬ 分切油酥麵團，每個大約 24g，揉成圓球狀，再用保鮮膜包覆備用。

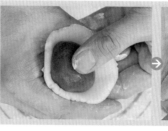

油皮包油酥

⓭ 取出步驟 9 的油皮麵團，稍微壓平。

⓮ 放上油酥麵團，將它完整包覆起來。包覆時，一手以虎口拖住麵團，用另一手大拇指按壓油酥上方，一邊旋轉虎口，慢慢將收口縮起。

反覆擀捲

⓯ 撒一點手粉在檯面上，將麵團開口朝上，先用掌心壓平，再用擀麵棍擀平。

Tips 擀平時，來回擀一次就好！

⓰ 將麵團捲起來，將接合處朝上擺放。重複同樣的動作，將全部的麵團製作完成。

⓱ 進行第二次擀平麵團。接合處朝上，先用掌心壓平，再用擀麵棍擀平。擀平時從中間開始擀，往上再往下即可，擀好後再捲起。

Tips 麵團擀得越長，芋頭酥層次就會越明顯。

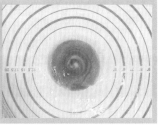

⓲ 重複同樣的動作，將全部的麵團揉擀製作完成。

⓳ 將麵團分切成兩半。

⓴ 進行第三次擀平麵團。將麵團切口朝下，先用手掌壓平，再用擀麵棍擀平。

包覆芋球

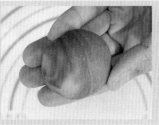
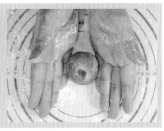

㉑ 將擀好的麵團切面朝外，內邊放入芋球。

Tips 包覆時，盡可能將芋球的位置擺放在麵團紫色螺旋紋的中間。

㉒ 將芋球完整包覆起來。包覆時，一手以虎口拖住麵團，用另一手大拇指按壓芋球上方，一邊旋轉虎口，慢慢將收口縮起。

㉓ 包好後整成橢圓狀，讓皮的漩渦狀朝上。

㉔ 放入預熱好的烤箱，以上下火 170 度烘烤 30 分鐘。

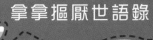

拿拿摳厭世語錄

雖說本人不喜芋頭，但《孫子兵法》有云：「知彼知己，百戰不殆」，面對敵人就是要徹底征服它！

甜心草莓司康

擄獲千萬少女心的酸甜滋味

司康外皮酥脆、裡層鬆軟，一口咬下還吃得到微甜微酸的果乾，熱熱的吃再配上一壺茶，讓人幸福到飛天。

切開後抹上凝乳是英國的正統吃法，也可直接塗上各式果醬。司康宜鹹宜甜，鹹味派可以夾入厚切有鹽奶油，再撒上一點海鹽；甜味派可以塗上自己喜歡的果醬和鮮奶油。

本食譜經常被粉絲拿來借花獻佛，做給他們喜愛的 YouTuber 吃。

示範影片

材料

（約可做 8 個）

中筋麵粉	220g		

裝飾

中筋麵粉	220g
無鹽奶油	85g
泡打粉	8g
二號砂糖	25g
鹽巴	3g
牛奶	80g
全蛋	1 顆
草莓果乾	30g

裝飾

全蛋蛋液	適量
防潮糖粉	少許

模型

直徑 5 ～ 5.5cm 的圓形模

作法

揉和麵團

❶ 奶油切小丁、中筋麵粉過篩，先放於冰箱冷凍 30 分鐘。再將奶油加入麵粉中。

Tips 先進行冷凍可避免之後搓揉時奶油融化太快，影響成品風味。

❷ 用刮板或手輕拌，讓奶油裹上麵粉。

❸ 加入泡打粉，繼續搓揉均勻。

❹ 利用刮板將較大的奶油切成小塊，讓奶油不要超過拇指大小。

❺ 加入砂糖、鹽，利用手指將麵粉奶油搓揉成砂礫狀。

> **Tips** 搓揉時速度要快，避免奶油融化。如果發現奶油過度融化，可先移至冰箱冷凍。

❻ 先將全蛋、牛奶攪拌均勻，以畫圓方式先加入一半分量，輕揉的攪拌混合，攪拌後麵團還是乾乾粉粉的，再加入另一半的雞蛋牛奶液，繼續攪拌成團。

> **Tips** 避免一口氣將雞蛋牛奶液倒入，有可能造成麵團過濕，難以成團。

❼ 用手以折疊的方式輕拌麵團。

> **Tips** 司康麵團不需要揉得很平整漂亮，可以看到一點點粉粒形狀才是正常的。

❽ 將草莓果乾碎粒放入麵團中，輕輕揉拌均勻。

> **Tips** 草莓乾也可替換成葡萄乾或蔓越莓乾。

塑型

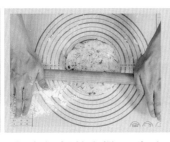 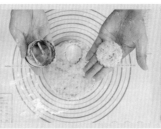 

❾ 在揉麵墊上撒一點手粉防止沾黏,再用擀麵棍將麵團擀成 2cm 高的圓形。

❿ 將烤模沾一些手粉,進行壓模。重複整形、壓模的步驟,最後剩餘的麵團整成小圓狀。

⓫ 將麵團放入冰箱冷凍 20 ～ 30 分鐘。

烘烤

⓬ 在麵團表面塗上一層薄薄的蛋液。

⓭ 放入預熱好的烤箱,以上下火 180 度烘烤 20 ～ 25 分鐘。

Tips 出爐後可以撒上防潮糖粉或海鹽裝飾,並增加風味。

拿拿摳厭世語錄

揉捏司康的過程如同情人相處,切記不可過頭,摘錄自《拿拿摳的甜點戀愛學》(尚未出刊,敬請期待)。

舒芙蕾

讓你身心靈向上提升的舒服甜點

本舒芙蕾結合了卡士達醬蛋香，以及打發蛋白後所產生的綿密口感，雖然比不沾鍋煎法多了一些步驟，但看著內餡因受熱緩緩升高長大的樣子，十分有趣，好像看著自己的小孩長大的那種驚喜感。

烘烤完成後，外面酥鬆、內部柔軟如布丁，一定要馬上食用。

示範影片
不沾鍋版

材料

蛋黃	4 顆
蛋白	4 顆
無鹽奶油	45g
中筋麵粉	20g
牛奶	160g
二號砂糖	60g
香草籽醬	少許

▌模具內層

無鹽奶油	少許
細砂糖	少許

▌裝飾

防潮糖粉	適量

▌模型

直徑約 9 公分陶瓷模具

4 個

作法

準備模具

> **Tips** 此方式是讓麵糊受熱時,可以有介質讓舒芙蕾爬升長高。

❶ 在模具內均勻的刷上一層無鹽奶油。

❷ 用繞圈的方式在模具內滾上一層細砂糖,再將模具放至冰箱冷藏。

製作蛋黃糊

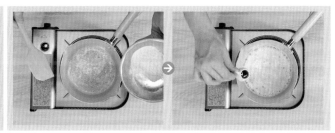

❸ 將奶油以小火煮至沸騰,再加入麵粉、香草籽醬,攪拌混合均勻。

❹ 加入牛奶，持續攪拌煮至濃稠狀，即可關火。　❺ 加入蛋黃液，攪拌均勻備用。

打發蛋白

❻ 利用手持攪拌器以中速打發蛋白，打出些許氣泡時，加入 1/3 砂糖，繼續打發。

❼ 持續打發至產生小氣泡且有點反白後，再加入 1/3 砂糖。

❽ 打發至蛋白呈現細膩質地，再加入剩下的砂糖，以低速打發。

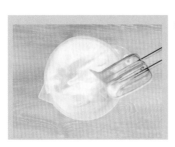

❾ 打發至濕性發泡即可，尖頭處自然下垂且蛋白具有光澤的狀態。

Tips 切記不可打發過頭，若蛋白打到乾性發泡，成品容易會有裂痕。

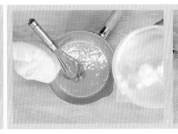

混合麵糊

⑩ 將一大勺蛋白霜加入步驟 5 的蛋黃糊中，用切拌方式拌勻。

⑪ 將黃蛋糊倒至蛋白霜中，繼續以切拌方式拌勻。

Tips 過程不可太慢或停下，以免蛋白消泡。

烘烤

⑫ 將步驟 2 冷藏後的模具取出，倒入麵糊至八分滿，放入預熱好的烤箱，以上下火 205 度烘烤 13 分鐘。

Tips 出爐後快速的撒上防潮糖粉裝飾。

拿拿摳厭世語錄

剛出爐的五分鐘是它最高最美的時刻，要拍照上傳讚數高，拜託讓手機先吃！

可麗露

讓人又愛又恨的小妖精

可麗露有個很可愛的名字，叫做「天使之鈴」，但在我眼裡，它是個看似簡單，卻很容易讓人慘遭滑鐵盧的小妖精，不過不用怕，我把畢生經驗傳授給大家，跟著拿拿摳做，不用擔心會失敗。

中心的蜂巢狀是烘烤完美的象徵，焦脆外皮搭配內餡軟嫩的卡士達口感，一吃真的有如到了小天使拿鈴鐺唱歌的味覺天堂。

可麗露的美味關鍵，在於掌握幾個製作小祕訣，像是要加入足量的砂糖，才能烤出酥脆的外皮；麵糊需要冷藏二十四小時，再經過六十分鐘以上的烘烤，才能用時間萃取出風味與口感。

示範影片

材料

全脂牛奶	500ml	蘭姆酒	30g
低筋麵粉	125g	鹽巴	1g
全蛋	1 顆	香草籽醬	少許
蛋黃	2 顆		
二號砂糖	150g		

模具

可麗露不沾模	12 個

蜂蜜	15g
無鹽奶油	40g

作法

香草奶液

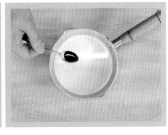

❶ 製作香草奶液。在鍋中倒入 350ml 的牛奶、香草籽醬，煮至微微冒泡即可關火。

Tips 加熱後，可以讓香草籽醬的風味更加明顯。

❷ 蓋上耐高溫保鮮膜，幫助香草籽醬悶出香氣，先放一旁備用。

製作麵糊

❸ 將過篩好的低筋麵粉，分 1 ～ 2 次加入 150ml 的牛奶中，攪拌均勻直到看不見顆粒，麵糊就完成了，先放一旁備用。

❹ 準備全蛋 1 顆、蛋黃 2 顆打散後，加入砂糖、鹽巴攪拌均勻。

Tips 使用 2 顆蛋黃，可以帶出濃濃的蛋香。砂糖是焦黑外皮脆度的來源，想要好吃，就盡量不要減少砂糖的分量。

❺ 加入蜂蜜，繼續攪拌均勻。

❻ 加入隔水加熱好的融化奶油，攪拌均勻，蛋液即完成。

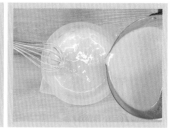

❼ 將步驟 2 做好的香草奶液加入步驟 3 的麵糊中，一邊倒入一邊攪拌均勻。

Tips 多加了這個步驟，可以讓你的可麗露跟別人的不一樣，充滿迷人香草風味。

❽ 將步驟 7 的奶糊加入步驟 6 的蛋液中，一邊倒入一邊攪拌均勻。

❾ 倒入蘭姆酒，攪拌均勻。

> **Tips** 酒經過高溫烹煮後，味道就會揮發，一定要最後再加，才能留住酒香。

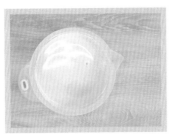

❿ 覆蓋上保鮮膜，放涼後再移至冰箱冷藏 24 小時。冷藏過後，麵糊會有點濃稠，使用前需要在室溫放置約半小時，使其恢復到流動狀態。

> **Tips** 拜託一定要冰好冰滿 24 小時，讓原料產生融合效果，才會有好的風味。

⓫ 將麵糊過篩。

> **Tips** 有些人會在冷藏前進行過篩，但我個人喜歡在冷藏後過篩，風味較佳。

烘烤

⓬ 先在不沾模的模具內部塗上一層薄薄均勻的奶油，讓可麗露烤出來的表皮更漂亮。

> **Tips** 坊間有賣可麗露矽膠模，但矽膠模的導熱效率較差，我較不推薦。也可以使用銅模，但它比較貴又需要塗上蜂蠟，且要留意烘烤的時間需要縮短，我個人還是最推薦不沾模。

❸ 將麵糊倒入模具中，最多至八分滿的高度就好，避免烘烤後過度膨脹。

❹ 放入預熱好的烤箱，以上下火 200 度烘烤 60 分鐘。烤完取出後需立刻脫模。

Tips 可麗露烤完當天是最美味的，最好立即吃完，不建議回烤。

拿拿摳厭世語錄

可麗露稱得上是烘焙新手的一大難檻，不只能磨練你的精氣神，還順便增加你的水電費。

Part 2

媽媽救星！收服小孩的手作甜點

炸鮮奶
自己做夜市排隊美食

炸鮮奶是夜市裡的人氣美食之一，材料、作法都很簡單，只要利用手邊現有的工具就能輕鬆完成！到夜市還可以嗆老闆說：「這我也會做」（勸你還是不要講）。

炸鮮奶的外皮酥脆、內餡有如豆腐般的軟嫩，還可以淋上煉乳增添風味，熱熱吃最美味！除了基本的牛奶口味，還可以加入抹茶粉、可可粉，變化不同風味。

示範影片

牛奶	250g
二號砂糖	25g
玉米粉	30g
香草籽醬	適量
全蛋	1 顆
麵包粉	1 包

▌模具

方型耐熱容器

作法

製作牛奶糊

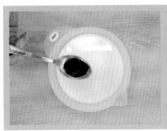 

❶ 在牛奶中加入香草籽醬，攪拌均勻。

❷ 加入二號砂糖，攪拌均勻。

❸ 加入玉米粉，攪拌均勻，牛奶糊就完成了。

Tips 可在此階段加入 5g 可可粉或抹茶粉，做出不同口味。

❹ 將 牛 奶 糊 倒 入 鍋 中，以中小火加熱 並持續攪拌至濃稠 狀即可。

Tips 需要不斷攪拌， 避免底部燒焦。

塑型

❺ 準備一個耐熱的方形 容器，將牛奶糊倒入 並平鋪於容器中，再 稍微整理一下表面。

Tips 表面有些凹凸不 平也沒關係，之後進行 裹粉就看不到了。

❻ 放 入 冰 箱 冷 藏 1 小 時，讓牛奶糊硬化， 變成像是牛奶凍。

❼ 將牛奶凍取出，依喜 好切成適當的大小。

裹粉

❽ 包裹麵衣。將牛奶 凍沾附蛋液與麵包 粉，讓牛奶凍外層 裹上一層麵包粉。

Tips 用撥撒的方式， 讓牛奶凍沾附較多的 麵包粉。

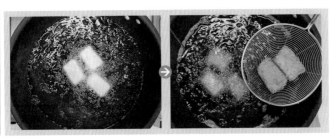

油炸

❾ 熱油鍋，油溫大約 150 ～ 170 度，將牛奶凍放入，炸至表面呈現金黃色澤即可撈起，並放在紙巾上去除多餘油脂。

Tips 測試油溫時，可將木筷插入油鍋中，如開始起泡即代表可進行油炸。

拿拿摳厭世語錄

乳糖不耐症的你，這一篇也不可以跳過！
不吃還是要知道怎麼做唷。♥♥♥

焦糖烤布蕾

私藏果香，大人小孩都喜愛

上面一層脆脆的焦糖，配上口感綿密、淡淡果香的布蕾本體，濃郁又清爽。這道烤布蕾不只會讓小孩捨不得離開媽媽，另一半也捨不得離開你！成為「PR99」的爸媽就靠這一道了！

示範影片

材料

動物性鮮奶油	270g
芒果果泥	60g
君度橙酒	10g
蛋黃	4 顆
二號砂糖	35g
香草籽醬	適量

■模具

直徑 9 公分陶瓷模具

4 個

作法

煮鮮奶油

❶ 將鮮奶油、砂糖攪拌均勻。

❷ 再加入芒果泥,攪拌均勻。

❸ 加入適量的香草籽醬,攪拌均勻。

❹ 將鮮奶油醬倒入鍋中,以小火加熱並且攪拌,加熱至周圍冒小泡泡,即可關火。

❺ 加入橙酒後,再開火加熱,讓酒精揮發,留下酒香。

加入蛋黃液

❻ 將煮好的鮮奶油液緩慢加入蛋黃中，一邊快速攪拌，降低溫度。

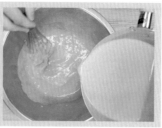

Tips 緩慢倒入、快速攪拌，才能避免高溫將蛋液煮成蛋花湯。

❼ 利過篩網過篩，讓蛋液更細緻。

❽ 倒入模具中，大約七分滿的高度即可。

烘烤

❾ 先在烤盤中加入熱水，大約烤盤的一半高度，再放上布蕾。放入預熱好的烤箱，上下火 160 度蒸烤 29 分鐘。

Tips 烤好取出後，可以稍微搖晃一下，表面如有水波紋，再續烤 3 分鐘。

❿ 烤完後冷藏 4 ～ 6 小時，再將二號砂糖平鋪在布蕾表面。

Tips 食用前，再加入砂糖並用噴槍烤，迸發出的蔗糖香無可匹敵。

⓫ 以噴槍將表面烤成漂亮的金黃色澤。

Tips 使用噴槍時，底部需要放上耐熱烤盤，以免發生危險。

拿拿摳厭世語錄

用湯匙輕輕敲碎焦糖，好像對著對方的心門敲敲試探，再含情脈脈地吃下一口，再冷的心都被你暖燙了啊！

雪Q餅

拯救媽媽的零失敗小甜點

棉花糖是雪Q餅軟Q口感的來源，再加入帶有鹹香滋味的奇福餅乾，以及蔓越莓乾與南瓜籽，帶來多層次的豐富口感。外層撒上可可粉、糖粉，讓氣勢升級，再用精美的小袋子分裝，非常適合當作各場合的賄賂小物，手工心意無價又不花大錢（錢嫂力推）。

示範影片

材料

無鹽奶油	45g
棉花糖	150g
奶粉	40g
無糖可可粉	10g
奇福餅乾	150g
南瓜籽	20g
蔓越莓乾	50g
蘭姆酒	10g
鹽巴	2 小撮

裝飾

可可粉	適量
防潮糖粉	適量

作法

材料準備

❶ 將蔓越莓乾浸泡在蘭姆酒中。

Tips 有幼童食用需求此步驟可省略。

❷ 將棉花糖撕成小塊。

❸ 將奇福餅乾大略折對半、折碎。

❹ 在不沾鍋中放入無鹽奶油，以小火煮至奶油完全融化後再加入棉花糖，攪拌均勻。

❺ 棉花糖融化至糊狀後，加入少許鹽巴，攪拌均勻。

❻ 加入奶粉與可可粉，持續以小火攪拌均勻。

> **Tips** 可可粉可依個人喜好，替換成抹茶粉或草莓粉。如果想要品嘗原味，可以將可可粉的重量加回奶粉中即可。

❼ 倒入步驟 1 的蔓越莓乾，混合均勻。

❽ 加入南瓜籽並攪拌混合拌勻。

> **Tips** 南瓜籽可先以 160 度烘烤 5～6 分鐘，更具香氣。

❾ 加入餅乾，盡可能讓餅乾均勻沾黏棉花糖，即可關火。

❿ 將棉花糖餅乾裝入耐熱袋中，趁溫熱時較易塑型，用擀麵棍擀成適當厚度，再放入冰箱冷藏1小時。

分切裝飾

⓫ 雪Q餅冷藏變硬後，再分切成適口大小。　⓬ 撒上可可粉、糖粉，讓風味與視覺效果升級。

拿拿摳厭世語錄

切記要使用不沾平底鍋，用媽媽的炒菜鍋一定出事……，鍋子出事你也難逃一劫！

酥皮葡式蛋塔
超濃內餡的香酥祕方

烘烤出爐後稍微放涼，馬上吃最好吃。一口咬下，可以聽到完美起酥的聲音，加上軟嫩香濃的蛋塔內餡，保證能獲得大家一致好評！

表面的深咖啡色斑點是充分受熱的美味象徵，絕對不是烤太焦！

示範影片

牛奶	110g	香草籽醬	適量
全蛋	1 顆	冷凍酥皮	5 片
蛋黃	1 個		
二號砂糖	40g	**模型**	
動物性鮮奶油	180g	蛋塔模	10 個

作法

製作塔皮

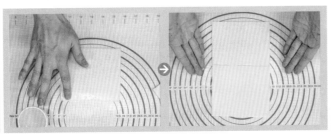

❶ 將五片酥皮放於常溫軟化，再於邊緣抹上一點
水並相互重疊，重疊處大約 0.5 公分，並稍微按
壓密實。

❷ 將五片黏接好的酥
皮捲成圓柱狀。

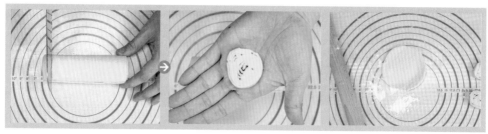

❸ 將捲好的酥皮平均切成 10 等份。

❹ 撒上一點手粉,將
酥皮以擀麵棍擀成
圓形。

❺ 將擀好的塔皮放入模具中並稍微按壓密實,多
餘的塔皮可以剪除。做好的塔皮放入冰箱冷凍
10 分鐘。

Tips 冷凍後的塔皮經過高溫烘烤後,可以讓蛋塔
外型更漂亮、風味更棒。

製作蛋塔液

❻ 在鍋中加入牛奶、砂　❼ 再加入香草籽醬,攪　❽ 將牛奶液以小火加
糖,稍微攪拌。　　　拌混合,增添香氣。　　熱,加熱至微溫,使
　　　　　　　　　　　　　　　　　　　　　砂糖融化即可關火。

❾ 使用耐熱保鮮膜蓋住約 20 分鐘,悶出香草籽醬香氣。

❿ 先在容器中加入一顆全蛋、一顆蛋黃,再將步驟 9 的牛奶液緩緩倒入、快速攪拌。再加入鮮奶油,攪拌均勻。

⓫ 將蛋塔液以篩網過濾,可讓口感更細緻滑順。

入模烘烤

⓬ 將蛋塔液加入冷凍好的蛋塔中,大約 8 ～ 9 滿即可。

> Tips 不可超過 9 分滿,以免內餡因受熱膨脹溢出,而導致外皮濕軟。

⓭ 放入預熱好的烤箱,以上火 200 度、下火 210 度,烘烤約 25 分鐘。氣炸鍋則是以 200 度烘烤 15 分鐘。

拿拿摳厭世語錄

「號稱堪比肯 X 基的食譜」,這是粉絲說的,拜託不要告我!!

檸檬糖霜磅蛋糕

清爽順口解煩憂

生活太多煩心事，情緒難免失控，清爽順口的檸檬磅蛋糕絕對可以讓你消消火氣、撫平受傷的心情。清爽風味，也很適合作為大吃一頓後的解膩甜點。

細緻的檸檬糖霜搭配上綿密的蛋糕體，再泡上一壺好茶或咖啡，讓原本惱火的媽媽們瞬間優雅了起來。小孩不聽話除了念心經，做做這款甜點也十分有效。

示範影片

材料

中筋麵粉	150g
杏仁粉	35g
泡打粉	3g
鹽巴	0.5 茶匙
無鹽奶油	110g
二號砂糖	120g
檸檬汁	25g
蜂蜜	15g
全蛋	3 顆
檸檬皮	半顆量
香草籽醬	適量

糖霜

無鹽奶油	55g
檸檬汁	30g
香草籽醬	1 茶匙
糖粉	210g
檸檬皮	半顆量

模型

型號 258 方形鋁箔盒

（長13.6×寬8.3×高4cm）

可做 3 個

作法

前置準備

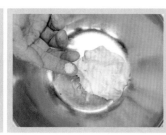  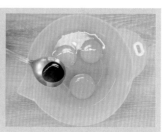

❶ 將鹽巴加入常溫的無鹽奶油中，攪拌均勻備用。

❷ 檸檬皮刨入砂糖中，混合均勻備用。

❸ 在雞蛋中加入香草籽醬，攪拌均勻備用。

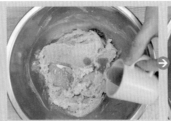

製作麵糊

❹ 將步驟 2 的檸檬砂糖加入步驟 1 的奶油中，攪拌至看不見糖粒即可。　❺ 加入蜂蜜、檸檬汁，攪拌均勻。

❻ 將步驟 3 的香草蛋液分次加入。記住，蛋液一定要分次下，以免油水分離。

Tips 有一些奶油小結塊是正常的，混合均勻即可。

❼ 將中筋麵粉、泡打粉過篩，加入杏仁粉中混合均勻，再加入奶油蛋液中，攪拌均勻。

烘烤

❽ 將麵糊加入耐熱模具中，大約五分滿高度即可。放入預熱好的烤箱，以上下火 180 度烘烤 30 分鐘後，再悶 10 ～ 15 分鐘，讓表面呈現金黃色。

Tips 麵糊烘烤後會膨脹，所以裝填五分滿就好。

❾ 香草籽醬加入檸檬汁中，攪拌均勻備用。

❿ 將常溫奶油稍微拌開，再加入部分已過篩的糖粉和檸檬汁，攪拌均勻後，重複此動作，將全部的糖粉和檸檬汁加入拌均。

Tips 同時加入乾性的糖粉與濕性的檸檬汁，可以幫助攪拌均勻，做出來的糖霜會很細緻。

⓫ 刨入少許的檸檬皮，混合均勻。

⓬ 將糖霜塗抹在磅蛋糕表面。

⓭ 最後再將檸檬皮刨在表面裝飾即可。

拿拿摳厭世語錄

糖霜可視自己的口味決定厚薄，本款糖霜萬用，務必收藏點讚分享，好人一生平安。啊記得用的杏仁粉不是馬玉山杏仁茶粉啦！

鑽石沙布列

散發鑽石般光芒的餅乾

作法簡單且快速，需要的材料種類也很少，但是成品吃起來帶有奶油酥餅的香濃，像極了市面上販售的高級餅乾。用精緻的餅乾包裝袋包起來，送禮超體面！

烘烤前可常備於冰箱，任何嘴饞的時刻都可直接烘烤出爐享用。其特色在於酥脆的口感與砂糖顆粒的結合，入口後滿滿的香草與檸檬的香氣，搭配茶點八卦最是合適。

無鹽奶油	120g	低筋麵粉	160g
糖粉	45g	香草籽醬	少許
鹽巴	2g	白砂糖	少許
檸檬皮	半顆量		

作法

製作麵團

❶ 將室溫的無鹽奶油拌軟後，加入鹽巴攪拌均勻。

❷ 加入糖粉拌勻。

❸ 刨入大約半顆檸檬皮的量，攪拌均勻。

Tips 本步驟讓餅乾具有檸檬香，壓制甜味、口感更細緻。

❹ 加入香草籽醬，攪拌均勻。

❺ 分兩次加入過篩麵粉並輕輕拌勻至成團，不黏鍋、不黏手即可。

Tips 攪拌避免過度用力。

❻ 將麵團移至揉麵墊上滾圓,再搓成直徑 2.5 ～ 3 公分的圓柱體。

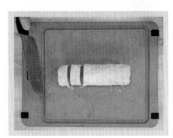

❼ 將麵團放在白砂糖上滾一滾,均勻沾附砂糖,放至冰箱冷凍 30 分鐘。

Tips 可將餅乾柱直立冰入冷凍,形狀會更漂亮。

❽ 冷凍過後,將麵團切成 1 公分厚度,放入預熱後的烤箱,以上下火 170 度烘烤 18 分鐘即可。

拿拿摳厭世語錄

麵團成形放入冷凍時,舉起雙手跟我一起喊:「把他立起來!!!!!!」
要在媽媽餅乾界勝出,你香草籽醬就是給她倒下去!

Part 3

閨房情趣！讓感情增溫的濃情甜點

布朗尼

突破曖昧階段的甜點必殺技

本食譜做法添加了打發的蛋白，讓蛋糕體更加濕潤富有彈性，而表皮依舊帶有酥脆的口感。滿口濃烈的苦甜巧克力達到催情的效果，適合送給還在曖昧階段的對象，讓他吃進你的手藝，順便讀懂你的心。

示範影片（影片為赤藻醣醇低熱量做法）

低筋麵粉	70g	核桃	30g
無糖可可粉	20g	碎榛果	適量
無鹽奶油	60g		
73% 苦甜巧克力	60g		
全蛋	2 顆		
二號砂糖	30g*2		
蛋白	90g		

▌模型
型號 258 長方形鋁箔盒
（長13.6×寬8.3×高4cm）
可做 2 個

作法

巧克力麵糊

❶ 先將無鹽奶油、苦甜巧克力隔水加熱融化均勻。

❷ 將全蛋蛋液分次倒入融化的巧克力奶油鍋中並拌勻。

❸ 加入 30g 的砂糖，攪拌均勻。

❹ 將低筋麵粉、可可粉過篩混勻，倒入一半分量至巧克力糊中攪拌均勻。

❺ 先將蛋白以中速打
至產生粗大氣泡，
再加入 30g 的砂糖，
打至濕性發泡。

Tips 濕性發泡為蛋白霜表面帶有光澤，且有小彎鉤狀並自然下垂。

❻ 將 1/2 蛋白霜倒入巧克力麵糊鍋，用切拌方式　❼ 加入剩餘一半的粉類
使其混勻。　　　　　　　　　　　　　　　　　材料，並攪拌均勻。

Tips 攪拌過程需快速但溫柔，切勿動作太大導致消泡。

❽ 加入剩餘的蛋白霜，用切拌方式使其混勻。　　❾ 最後加入核桃混拌均
勻，即可入模。

入模&烘烤

⑩ 入模後，放入預熱後
的烤箱，以上下火
170 度烘烤 25 分鐘。

⑪ 出爐後撒上碎榛果裝
飾，增添香味。

拿拿摳厭世語錄

布朗尼是沒有一個固定作法的甜點，請記住
「食譜是活的，人是死的」！

香蕉磅蛋糕

究極蕉味的誘惑甜點

前味香蕉，中味黑糖，後味出現麵粉和蛋香，三重香氣一次滿足。加上淡淡的楓糖與蘭姆酒提味，粗獷中帶著細膩的感覺，讓人心曠神怡、奔放不已。

香蕉磅蛋糕更是處理熟透香蕉的好方式！去菜市場特地買熟透香蕉的時候，阿姨一定會用懷疑的眼神看你，請你大聲說出：「我要做蛋糕用的」，阿姨的眼神會從疑惑轉變成認同，你就是當天的菜市場之星……吧？

示範影片

材料

▌香蕉泥

香蕉	150g
黑糖	25g
蘭姆酒	10g

▌蛋糕體

低筋麵粉	150g
泡打粉	5g
蘇打粉	1g
鹽巴	1g
無鹽奶油	90g
二號砂糖	30g
黑糖	30g

優格	20g
全蛋	1 顆
核桃	20g

▌裝飾

新鮮香蕉切片	適量
楓糖漿	適量

▌模型

型號 258 長方形鋁箔盒

（長13.6×寬8.3×高4cm）

可做 2 個

作法

製作香蕉泥

❶ 香蕉剝皮切塊，再用叉子壓成泥狀。

Tips 有時間的話，可以將切塊香蕉放於冰箱冷凍一天，使其熟成出蜜，風味更佳。

❷ 把香蕉泥、黑糖放入
鍋中,以小火加熱並
翻攪拌勻。

❸ 加熱至冒煙後,加入蘭姆酒,煮至看不見水
光,即可關火,將香蕉泥放涼備用。

香蕉麵糊

❹ 將常溫奶油、砂糖、
黑糖、鹽巴攪拌至乳
霜狀。

❺ 加入優格,攪拌至看
不到優格即可。

❻ 加入雞蛋拌勻,攪拌
至看不到蛋液即可。

Tips 全蛋要先打散成
蛋液比較好操作。

❼ 加入步驟 3 的香蕉
泥,攪拌均勻。

❽ 分兩次加入過篩後的
低筋麵粉、泡打粉、
蘇打粉,攪拌均勻。

❾ 放入核桃,攪拌混合
均勻。

⑩ 將麵糊填入模型中，大約 8 分滿，放入預熱好的烤箱，以上下火 180 度烘烤 35 分鐘。

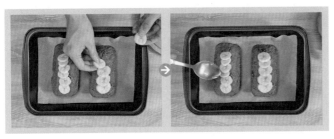

⑪ 烘烤好後脫模，放上新鮮的香蕉切片，再淋上楓糖漿（也可再撒上糖粉）裝飾即可。

拿拿摳厭世語錄

內餡的香蕉選用熟到不能再熟的最好！那種黑到沒人要的正好！通通拿來做磅蛋糕！
此甜點好吃到可讓你達成如蕉似漆、蕉孟不離、蕉情匪淺！

提拉米蘇

濃情蜜意，告白必勝武器

沾附威士忌和咖啡香氣的手指餅乾，吃得到餅乾的口感，伴隨著綿密的慕斯，讓人內心躁動雀躍，可說是告白神器！如果你心儀的人不吃不收，自己吃也是可以的，反正是他沒口福，不是你不周到。

切記提拉米蘇因其歷史背景，是款公認具有強烈曖昧意圖的甜點，要送人前先確認他是不是單身！

示範影片

手指餅乾

手指餅乾	8 條
熱水	40g
濃縮咖啡粉	15g
威士忌酒	40g

慕斯體

馬斯卡彭乳酪	350g
蛋黃	2 顆

蛋白	2 顆
二號砂糖	15g
黑糖	15g
防潮可可粉	適量

模型

杯子模型	8 個

作法

手指餅乾

❶ 用叉子將手指餅乾戳
一些孔洞。

Tips 手指餅乾各大烘
焙材料行皆有販售。

❷ 將濃縮咖啡粉加入熱
水拌勻後,再加入威
士忌酒拌勻。

❸ 將咖啡液沾撒在手指
餅乾上。

軟化乳酪

❹ 將事先軟化的馬斯卡彭乳酪攪拌成霜狀備用。

Tips 將馬斯卡彭乳酪提前半小時取出,放在室溫使其軟化。

打發蛋黃

❺ 先將蛋黃打至有點泡泡,再加入砂糖,以中速順時針移動攪拌的方式,打至濃稠狀後先放一旁備用。

Tips 打好後在表面畫8,數字不會太快消失就代表完成了。

打發蛋白

❻ 在蛋白中加入黑糖,以中速打至呈現尖角即可。

混合

❼ 將步驟5打發好的蛋黃分兩次加入步驟4的馬斯卡彭乳酪中,攪拌均勻。

Tips 攪拌蛋黃時可以隨興攪拌,但攪拌蛋白時就要輕柔。

❽ 將步驟6的打發蛋白分兩次加入,輕揉拌勻,慕斯即完成。

❾ 將手指餅乾切成小塊，鋪一層在杯子模型底部。

❿ 填入一層慕斯，填好輕敲杯底，將空氣敲出，使內餡更扎實。

⓫ 重複填入手指餅乾、慕斯，裝填完成。

⓬ 撒上防潮可可粉，冷藏 4 小時，讓慕斯與手指餅乾的風味交融，吃起來會更美味。

拿拿摳厭世語錄

提拉米蘇只能用馬斯卡彭乳酪做。

硬要發問的讀者：「如果用一般奶油乳酪呢？」

我會大聲告訴你：「爛！」

熔岩巧克力

做一個讓內餡流出來的動作

完美的熔岩外層是磅蛋糕口感，接下來是半熟濕潤的布朗尼，最後是巧克力醬，展現「你濃我濃」的風味。也可以再搭配香草冰淇淋，讓口感更豐富不甜膩。

看似簡單卻蘊含巧克力麵糊不同口感的層次搭配，是款隨時隨地都能製作的高級點心，不過請跟自己的烤箱培養好感情，抓到中間切開會流出來的黃金時間。

示範影片

材料

73% 苦甜巧克力	55g		
無鹽奶油	55g		
二號砂糖	30g		
中筋麵粉	30g		
全蛋	2 顆		
鹽巴	1 小撮		

▌裝飾

杏仁片	適量
碎榛果	適量
防潮糖粉	少許

▌模型

4 吋圓形鋁模	3 個

作法

巧克力麵糊

❶ 將苦甜巧克力與奶油隔水加熱，攪拌至完全融化後關火，稍微放涼備用。

> **Tips** 選用的苦甜巧克力可介於 70 ～ 73%。

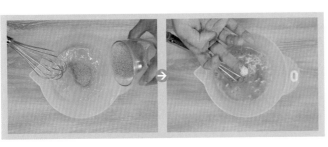

❷ 將砂糖、鹽加入全蛋中，攪拌均勻。

❸ 待步驟 1 的巧克力液冷卻至 60 度左右，再分次加入至步驟 2 的蛋液中，一邊倒入一邊攪拌均勻。

❹ 倒入過篩後的中筋麵粉，攪拌均勻至沒有顆粒的濃稠狀，放入冰箱冷藏 4 ～ 6 小時。

入模&烘烤

❺ 將冷藏後的巧克力麵糊放入模型中，大約 6 ～ 7 分滿。放入預熱好的烤箱，以上下火 180 度烘烤 9 分鐘。

Tips 如果烤太久、內餡過熟，就無法做出熔岩的效果。

❻ 烤好後小心脫模盛盤，放上杏仁、榛果，再撒上糖粉裝飾即可。

拿拿摳厭世語錄

這是一個考驗你跟烤箱相處是否融洽的好機會。
看是要換掉烤箱還是換掉你！

杏仁塔皮團
酥脆百倍的獨門祕方

我跟大家保證,市面上找不到這麼好吃的塔皮,我對這個酥脆的塔皮配方超級有自信,拜託一定要收藏起來!

本塔皮還可變化為小餅乾、乳酪蛋糕的底層,還有一輩子就一次的收涎餅,可謂妙用無窮!

示範影片

材料

低筋麵粉	240g	全蛋液	1顆
杏仁粉	30g	香草籽醬	適量
無鹽奶油	150g		
二號砂糖	90g	**模型**	
全蛋	1顆	4吋塔模	12個
鹽巴	1小撮		

作法

杏仁麵團

❶ 將室溫軟化後的無鹽　❷ 加入全蛋、香草籽
　奶油、砂糖拌均。　　　　醬、鹽巴,拌勻。

❸ 加入過篩後的低筋
　麵粉、杏仁粉,攪
　拌成團。用保鮮膜
　包起並壓平整,放
　入冰箱冷藏6小時。

❹ 撒一些手粉，將麵團擀平，再放入模型中，順 ❺ 用擀麵棍將多餘麵團
著模型將麵團貼平。 滾除。

❻ 利用叉子在底部戳洞後，放入冰箱冷凍 20 分
鐘以上。

Tips 底部戳洞可幫助烘烤時熱氣排出，避免隆起。

❼ 鋪上鋁箔紙後放上豆 ❽ 烤好後，放於室溫冷
子或壓派石，避免底 卻 30 分鐘後，再刷
部隆起，放入預熱好 上一層蛋液，放入預
的烤箱，以上下火 熱好的烤箱，以 180
180 度烘烤 20 分鐘。 度烘烤 18 分鐘即可。

拿拿摳厭世語錄

就像是衣櫥裡那件短版風衣，怎麼搭都好看。
塔皮怎麼搭都好吃。
男朋友怎麼看都很帥……喔我沒有男友。

檸檬塔

夠酸帶勁才叫檸檬塔

檸檬塔是拿拿摳走訪任一甜點店裡的必吃品項，檸檬內餡夠酸、塔皮夠酸酥脆才合格，推薦給像我一樣單身的人，用檸檬塔的酸來撫慰心靈的酸。可謂「願天下有情人終於枯骨」，好詩好詩。

示範影片

材料

無糖優格	30g	二號砂糖	80g
無鹽奶油	115g	檸檬汁	140g
全蛋	3 顆	檸檬皮	少許
蛋黃	2 顆	4 吋塔皮	10 顆

作法

❶ 將優格、室溫奶油混拌均勻備用。

Tips 優格也可以用酸奶替代。

❷ 將 3 顆全蛋、2 顆蛋黃加入砂糖中,攪拌混合。

隔水加熱

❸ 將蛋液以中小火隔水加熱，並持續攪拌至砂糖完全融解、無顆粒感。

❹ 加入步驟1的優格奶油，持續攪拌均勻。

Tips 以快速且不規則的方向攪拌，避免產生蛋花。

加入檸檬

❺ 加入過篩的檸檬汁，持續攪拌至 60 度左右，呈濃稠狀即可起鍋。

Tips 喜歡吃很酸的朋友，可以考慮減糖，而非增加檸檬汁的分量，以免內餡無法凝固。

❻ 刨入新鮮的檸檬皮，並攪拌混合均勻。

Tips 檸檬皮不要刨到白色部分，以免帶來苦味。

❼ 將檸檬內餡填入塔皮中,並將表面抹平修飾。

Tips 可至烘焙材料行購買現成塔皮,也可自製,請見 p.91。

❽ 放入預熱好的烤箱,以上下火 150 度烘烤 10 分鐘。烤好先放在室溫冷卻,刨上新鮮的檸檬皮點綴,再放入冰箱冷凍或冷藏一天。

拿拿摳厭世語錄

怕酸就不要吃檸檬塔;
怕辣就不要吃麻辣鍋;
心臟不好就不要搭雲霄飛車!

藍莓卡士達塔

讓平淡感情重新燃起激情的甜蜜滋味

在藍莓上面撒上淡淡的雪白糖粉、再刨上一點綠色檸檬皮點綴，視覺效果滿分！奶味十足、口感滑順的卡士達醬，配上藍莓的微酸甜氣與酥香的塔皮，保證讓兩人關係從冰點到沸騰。順便也透過藍莓的營養成分，好好幫你的男人食補一下。

示範影片

材料

牛奶	50g	無鹽奶油	5g
牛奶	200g	防潮糖粉	適量
香草籽醬	1g	檸檬皮	適量
二號砂糖	40g	藍莓	200g
蛋黃	2 顆	白巧克力	少許
玉米粉	8g	4 吋塔皮	6 顆
低筋麵粉	10g		

作法

混合材料

❶ 將 50g 牛奶、砂糖攪拌均勻。

> **Tips** 建議使用全脂牛奶，卡士達醬會比較香濃奶味重。

❷ 加入蛋黃，攪拌混合均勻。　❸ 加入過篩的低筋麵粉，攪拌均勻至無顆粒感。　❹ 加入玉米粉，攪拌均勻備用。

❺ 將 200g 牛奶放入鍋中，以中小火加熱並攪拌混勻，再加入香草籽醬，加熱到冒煙、周圍冒小泡即可。

 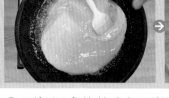 

❻ 將加熱後的牛奶慢慢倒入步驟 4 的蛋糊中，並快速拌勻。

❼ 再把混合後的牛奶蛋糊倒回鍋中，以中小火加熱並持續攪拌至濃稠狀，即可關火。

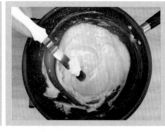 

❽ 加入奶油，利用餘溫融化，攪拌混合。

❾ 趁卡士達醬還有熱度時，進行過篩，可讓口感更細緻。

Tips 卡士達冷卻後較硬、較難過篩，請把握時間並注意燙手。

❿ 白巧克力隔水加熱融化，均勻塗在塔皮裡層。　⓫ 將步驟 9 卡士達醬填
入塔皮中。

Tips 可至烘焙材料行購買現成塔皮，也可自製，請
見 p.91。

⓬ 放上藍莓，再撒上糖粉。　⓭ 刨上新鮮的檸檬皮做
裝飾。

Tips 可於藍莓上塗上果膠延長保存，也更美觀。

拿拿摳厭世語錄

讀者提問：「另一半不喜歡吃甜點怎麼辦？」
你告訴他：「藍莓富含花青素、黃酮類可減
少勃起障礙，八吋他都吞下去！」

讀者提問：「剩下的蛋白該怎麼辦呢？」
拿拿摳答：「請翻閱 p.148 杏仁瓦片。」

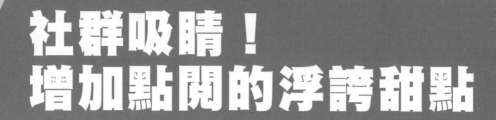

Part 4

社群吸睛！
增加點閱的浮誇甜點

聖誕樹幹蛋糕　　讓你的聖誕節不再孤單寂寞覺得冷

草莓水晶蛋糕　　草莓季最美甜點

鏡面蛋糕　　　　騙點閱數之最強譁眾取寵網美蛋糕

芒果玫瑰花蛋糕　用正港台灣芒果，做出好一朵美麗的玫瑰花

宮廷荷花酥　　　讓人心花朵朵開的中式小點

肉桂捲　　　　　瘋狂搶購！好吃到飆淚的網美肉桂捲

聖誕樹幹蛋糕
讓你的聖誕節不再孤單寂寞覺得冷

包裹特調鮮奶油的巧克力蛋糕捲，再抹上可可奶油乳酪醬，撒上應景的糖粉妝點，不僅適合帶到派對上讓大家露出崇拜眼神，也很適合自己在家裏著棉被用叉子大口吃下，讓大樹哥安慰你寂寞的心。

街上都是情侶放閃的聖誕節，如果你也隻身一人需要溫暖，這款聖誕樹幹蛋糕就是你最好的陪伴（溫暖到熱量超標的部分就不要在意啦），還不用去新北耶誕城人擠人咧。

示範影片

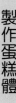

材料

▌樹幹蛋糕體

低筋麵粉	50g
可可粉	20g
二號砂糖	50g
蛋黃	4 顆
蛋白	4 顆
牛奶	65g
植物油	55g

▌內餡

動物性鮮奶油	200g
馬斯卡彭乳酪	30g
二號砂糖	20g
草莓	12 顆

▌抹醬

奶油乳酪	200g
無鹽奶油	40g
二號砂糖	50g
無糖可可粉	15g
橙酒	10g

▌裝飾

藍莓	6 顆
碎榛果	少許
防潮糖粉	適量
蘑菇造型蛋白糖	少許

▌模型

40×30cm 方型烤模

作法

製作蛋糕體

 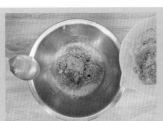 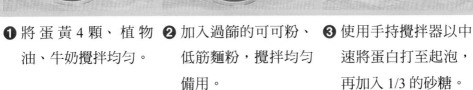

❶ 將蛋黃 4 顆、植物油、牛奶攪拌均勻。

❷ 加入過篩的可可粉、低筋麵粉，攪拌均勻備用。

❸ 使用手持攪拌器以中速將蛋白打至起泡，再加入 1/3 的砂糖。

❹ 打至蛋白起粗泡,再加入 1/3 的砂糖。

❺ 打至蛋白綿密、氣泡小顆細緻,加入剩下的砂糖,以中高速打至全發,提起蛋白會呈現尖角的狀態。

❻ 將打發後的蛋白分兩次加入步驟 2 的可可麵糊中,用切拌的方式拌勻。

Tips 切拌時,盡量從底部拉起拌勻,避免蛋白太快消泡,才能烤出蓬鬆的蛋糕體。

❼ 將拌勻的可可麵糊倒入鋪有烘焙紙的烤模中,並將表面修飾平整,放入預熱好的烤箱,以上下火 180 度烘烤 13 分鐘。

Tips 放入烤箱前,將烤盤輕敲桌面,消除氣泡。

製作內餡

❽ 將鮮奶油、馬斯卡彭乳酪、砂糖,以中速打至九分發後備用。

Tips 蛋糕內餡還要捲起塑型,所以要打到一定硬度,不能太軟。打發後可先冷藏。

❾ 將奶油乳酪、奶油放於室溫軟化，攪拌化開後再加入砂糖，攪拌均勻。

❿ 加入過篩的無糖可可粉，攪拌均勻。

⓫ 加入橙酒增添香氣，攪拌均勻後備用。

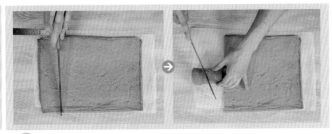

⓬ 將烤好的蛋糕小心脫模，切下10cm的寬度並捲起成圓柱狀，再斜斜的對切成兩半備用。

Tips 蛋糕出爐後可在桌面輕敲幾下，更易脫模。

⓭ 將步驟8的鮮奶油均勻鋪在蛋糕上，靠近身體一側的鮮奶油堆厚一點，再抓起烘焙紙將蛋糕慢慢捲起成圓柱狀。

Tips 可以視個人喜好，鋪上草莓或藍莓等內餡。

⓮ 放入冰箱冷凍10分鐘，讓蛋糕變硬成形。

⑮ 在蛋糕表面抹上步驟 11 的抹醬，黏上兩個小蛋糕捲作為樹枝，再用叉子在表面畫出紋路。

⑯ 放上蛋白霜蘑菇、藍莓、榛果裝飾造型。

⑰ 撒上糖粉即完成。

拿拿摳厭世語錄

是聖誕樹幹蛋糕，不是聖誕樹幹蛋糕（請好好斷句）。
遠離耶誕城，人人有責。

草莓水晶蛋糕
草莓季最美甜點

這個氣勢磅礡的草莓蛋糕，由四層不同口感所堆疊。第一層是餅乾底，第二層是草莓慕斯，第三層是覆盆子果泥層，第四層則是新鮮草莓果凍層，不僅好吃、好看又好學，保證讓你獲得滿堂彩。

覆盆子偏酸且顏色較深，搭配上偏甜、顏色較粉的草莓，讓味覺與視覺都充滿了張力，當然你想要換成其他莓果類也可以。聚會端出來真的直接搶走其他人風采，唯一的缺點就是厲害到會喧賓奪主。

示範影片

材料

▌餅乾底

奶油餅乾	80g
無鹽奶油	35g

▌草莓乳酪糊

奶油乳酪	120g
無糖優格	70g
二號砂糖	70g
動物性鮮奶油	160g
草莓	90g
檸檬汁	10g
吉利丁片	7g

▌覆盆子果泥層

覆盆子泥 (草莓泥)	90g
吉利丁	3g

▌透明果凍層

溫開水	240g
白砂糖	50g
檸檬汁	20g
吉利丁	13g
草莓	約 35 顆

▌模型

7 吋活動式蛋糕模	1 個

作法

製作餅乾底

❶ 將餅乾壓碎,加入隔水加熱融化的無鹽奶油攪拌均勻。

❷ 將奶油餅乾倒入底部鋪有烘焙紙的蛋糕模中,用湯匙壓密實,放入預熱好的烤箱,以上下火 160 度烘烤 15 分鐘後,放涼送進冷凍備用。

乳酪優格

❸ 將軟化的奶油乳酪、砂糖攪拌均勻後，再加入無糖優格，攪拌均勻備用。

Tips 一邊攪打時一邊用刮刀整理鋼盆，避免打不均勻。

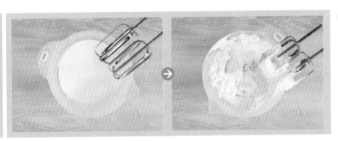

打發鮮奶油

❹ 使用手持攪拌器，以中速將鮮奶油打至 9 分發（具有硬度，不容易塌掉）備用。

草莓泥

❺ 將吉利丁剪小片，泡冷水軟化備用。

❻ 新鮮草莓加入檸檬汁，用食物調理機打成泥狀，再將草莓泥加熱至冒小泡即可關火，加入步驟 3 泡軟的吉利丁，攪拌均勻。

草莓乳酪糊

❼ 將草莓泥分次加入步驟 3 的乳酪糊中，攪拌均勻。

❽ 加入步驟 4 的打發鮮奶油，攪拌均勻，草莓乳酪糊就完成了。

❾ 將草莓乳酪糊倒至步驟 2 的餅乾底上，盛裝後輕敲桌面，消除多餘氣泡，再放入冰箱冷凍 30 分鐘以上，使蛋糕成形。

覆盆子果凍

❿ 製作覆盆子果泥層。將泡水軟化後的吉利丁加入加熱過後的覆盆子果泥中，攪拌均勻。

⓫ 覆盆子果泥稍微放涼後，倒入步驟 9 冷凍後的草莓乳酪蛋糕上，均勻鋪平，再冷凍 30 分鐘。

Tips 覆盆子泥一定要放涼再入模，避免將下層的草莓層融化。

透明果凍層

⓬ 將水、檸檬汁與白砂糖加熱融化後，再放入泡水軟化後的吉利丁，攪拌至完全融化備用。

Tips 果凍層一定要用白砂糖，才能呈現透明感。

Tips 草莓去蒂後底部平切一刀，較好擺放。

⑬ 新鮮草莓洗淨，除掉葉子、蒂頭，將草莓對半縱切，沿著模具圍繞，中間再鋪滿整顆草莓。

⑭ 將步驟 12 的透明果凍層先倒入一半，冷凍 15 分鐘，讓果凍稍微凝固。

Tips 若一次倒入全部果凍，草莓會浮起來，一定要分次倒入。為避免草莓凍壞，冷凍時務必計時。

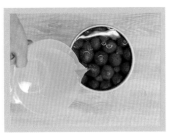

⑮ 倒入剩下的透明果凍層，冷藏 30 分鐘後脫模即完成。

拿拿摳厭世語錄

誰說甜點好吃就好，「佛要金裝人要衣裝」，甜點也一樣。擄獲媽媽阿姨的究極甜點，「昂水歐大班」（紅美黑端莊）！

鏡面蛋糕

騙點閱數之最強譁眾取寵網美蛋糕

要做出漂亮的鏡面蛋糕，就要用上許多糖漿與白巧克力調色，因此十顆鏡面蛋糕九顆甜爆，沒被甜死算你走運，阿公阿嬤也擔心。

拿拿摳在追求華麗外觀之外，還要教你做出好看又好吃的鏡面蛋糕。製作蛋糕體時，在奶油乳酪當中加入檸檬汁，做出帶點微酸口味的慕斯調和甜味，拍完美美照片也能美美入口，不再甜到懷疑人生。

示範影片

餅乾底

奶油餅乾	80g
無鹽奶油	40g

慕斯蛋糕體

奶油乳酪	150g
吉利丁片	8g
檸檬汁	30g
動物性鮮奶油	200g
無糖優格	100g
蜂蜜	20g
二號砂糖	40g

鏡面淋醬

煉乳	70g
二號砂糖	90g
開水	60g
玉米糖漿	80g
吉利丁片	7g
白巧克力	105g
藍色色素	適量
紅色色素	適量

模型

7 吋活動式蛋糕模	1 個

作法

製作餅乾底

❶ 將餅乾壓碎，加入預先隔水加熱融化的無鹽奶油攪拌均勻。

❷ 倒入鋪有烘焙紙的蛋糕模中，用湯匙壓實後放入預熱好的烤箱，以上下火 160 度烘烤 15 分鐘後放涼，送進冷凍備用。

❸ 奶油乳酪放於室溫軟化，用刮刀攪拌至軟。加入砂糖、蜂蜜拌勻，再分次加入無糖優格拌勻備用。

❹ 將吉利丁片泡冰水軟化後，瀝乾水分再放入稍微加熱的檸檬汁中，攪拌至融化。

> **Tips** 鏡面蛋糕會用到大量糖漿與白巧克力，為避免口味過甜，使用檸檬汁提味。

❺ 檸檬汁稍微放涼後，分兩次加入步驟 3 的奶油乳酪中拌勻。

❻ 用手持攪拌器將動物性鮮奶油以中速攪打至七分發。

❼ 將打發鮮奶油分 2 ～ 3 加入步驟 5 的乳酪糊中拌勻。

❽ 完成的蛋糕慕斯倒入鋪有烘焙紙的模具中，輕敲桌面排出空氣，冷凍約 3 小時成形。

❾ 煉乳、砂糖、水、玉米糖漿倒入鍋中,以中小火加熱,持續攪拌至砂糖完全溶解。

❿ 糖漿離火,倒入白巧克力中拌勻。

⓫ 在溫熱的白巧克力中,放入泡軟的吉利丁,攪拌均勻。

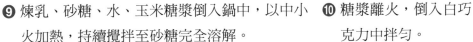 糖漿須維持在 32 ～ 35 度,可將糖漿鍋浸泡在熱水中,以保持糖漿的流動性,避免結塊。若凝固也可使用微波爐小火加熱使其融化。

⓬ 糖漿分成四份,分別加入 1 ～ 2 滴食用色素調色。以藍色為主色,綠、紅、紫則為裝飾色。

Tips 作為主色的糖漿分量最多,裝飾色最少,可依喜好調整糖漿比例。

⓭ 準備一個烤盤與網架,放上餅乾底、慕斯蛋糕,將綠色糖漿倒入藍色糖漿中,用筷子稍微劃出紋路後,再淋在蛋糕表面上。

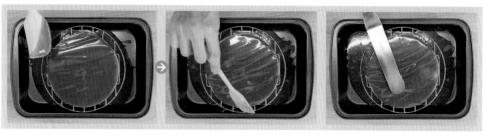

⓮ 再淋上少許紫色、紅色糖漿裝飾。

⓯ 使用刮棒或刮刀修飾淋醬表面即完成。

Tips 可以再加上珍珠糖點綴，更精緻華麗！

拿拿摳厭世語錄

以人為鏡可以明得失，
以甜點為鏡可以賺點閱！

芒果玫瑰花蛋糕

用正港臺灣芒果，做出好一朵美麗的玫瑰花

這款蛋糕由餅乾底、芒果生乳酪、芒果果凍堆疊而成，一塊蛋糕可以同時享受三種口感。再鋪上新鮮的芒果切片，圍成一朵美麗的玫瑰花，正好可以當作母親節禮物獻給最辛勞的媽媽。

送一朵漂亮又好吃的芒果玫瑰給媽媽，讓她心花怒放還可以發社群跟朋友炫耀。「唉唷～這我家孩子做的啦～羨慕嗎～」，花點小心思換得一些安穩時日，很划算的。我媽麗美吃過一次嘗鮮後，告訴我之後改送紅包更實際。

示範影片

材料

▌餅乾底

奶油餅乾	80g
無鹽奶油	30g

▌生乳酪層

奶油乳酪	150g
吉利丁	8g
檸檬汁	10g
芒果果肉（60g 預留製作芒果果凍層）	260g
二號砂糖	70g
無糖優格	100g
動物性鮮奶油	150g

▌芒果果凍層

芒果果泥（在生乳酪層步驟預留的）	60g
開水	100g
二號砂糖	40g
吉利丁	5g

▌裝飾

中型芒果	1 顆
檸檬皮	少許

▌模型

7 吋活動式蛋糕模	1 個

作法

製作餅乾底

❶ 將奶油餅乾壓碎，加入預先隔水加熱融化的奶油攪拌均勻。

❷ 倒入鋪有烘焙紙的蛋糕模中，用湯匙壓實後，160 度烤 15 分鐘。出爐後放涼進冷凍備用。

Tips 餅乾一定要壓密實，不僅不易散開，也可帶來口感。

優格乳酪

❸ 將奶油乳酪放於室溫軟化,以慢速攪拌化開後再加入砂糖,攪拌均勻。

 Tips 可用刮刀一邊整理鋼盆,避免打不均勻。

❹ 加入無糖優格,打至均勻備用。

芒果吉利丁

❺ 將吉利丁剪小片,泡冷水軟化。

❻ 將 260g 的芒果切成小丁狀再攪打成泥,取出 200g 並加入檸檬汁,以小火加熱至鍋邊冒煙即可關火,放入泡軟的吉利丁,攪拌融化。

❼ 待芒果泥稍微降溫後,分次倒入步驟 4 的乳酪糊中,攪拌均勻。

Tips 分次加入打勻,可以避免乳酪糊油水分離,並讓口感更細緻。

❽ 使用手持攪拌器，以中速將鮮奶油打至 9 分發 ❾ 鮮奶油加入芒果乳酪
（具有硬度，不容易塌掉）。　　　　　　　糊中拌勻。

❿ 倒入步驟 2 的餅乾模中，輕敲桌面以排出空
氣，放入冰箱冷凍 30 分鐘以上。

　Tips　可在此步驟加入芒果丁增添口感，記得要埋
入乳酪層裡面，避免影響表面平滑度。

⓫ 吉利丁預先浸泡冷水　⓬ 過篩芒果泥，讓果凍　⓭ 芒果泥放涼後，倒入
軟化。將 60g 芒果泥　　呈現清澈晶瑩。　　　　蛋糕模，再冷藏 90
加入開水、砂糖，小　　　　　　　　　　　　分鐘～ 2 小時，成形
火加熱混勻即可離　　　　　　　　　　　　　後再脫模。
火，再加入瀝乾的吉　　　　　　　　　　　　　Tips　脫模時，可先用
利丁，攪拌融化。　　　　　　　　　　　　　抹布沾熱水在模具周圍
　　　　　　　　　　　　　　　　　　　　　輕敷，會更容易脫模。

装
飾

⑭ 將芒果削去外皮，將
果肉橫切，切成長條
薄片狀。

⑮ 先將小片芒果捲起，
做出花心，再一層一
層圈起擺放，做出一
朵玫瑰花

Tips 內圈用小片芒果，
外圍陸續為上大片芒果，
花形會更好看。

⑯ 將玫瑰花小心移至
蛋糕頂端，撒上檸
檬皮裝飾即完成。

拿拿摳厭世語錄

媽媽親像一朵玫瑰花，
三不五時扎你一下。

宮廷荷花酥
讓人心花朵朵開的中式小點

層層綻開的花瓣酥皮，搭配探出頭來的鹹蛋黃蓮蓉餡，鹹甜滋味恰到好處。各位失寵的小主趕快學起來，用這道層次美麗的宮廷荷花酥，讓皇上心花朵朵開，就能成功遠離冷宮啦！

示範影片

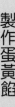

材料

（約可做出 10 個）

▌蛋黃餡

鹹蛋黃	3 顆
料理米酒	少許
椰絲	50g
糖粉	20g
無鹽奶油	20g

▌油酥

低筋麵粉	100g
豬油	35g

▌水油皮

低筋麵粉	110g
豬油	10g
二號砂糖	15g
冰水	55g
粉紅色色素	1 滴
（或紅麴粉 2g）	

作法

製作蛋黃餡

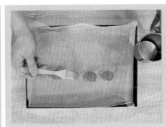  

❶ 在鹹蛋黃表面塗上米酒，放入預熱的烤箱，以上下火 180 度烘烤 10 分鐘。

❷ 烤好的鹹蛋黃放上烘焙紙包起，用擀麵棍碾碎至沒有顆粒。

❸ 碎蛋黃倒入盆中，稍微拌開來，再倒入糖粉拌勻。

❹ 加入無鹽奶油拌勻，略呈稠狀後，再加入椰絲
拌勻。

❺ 將蛋黃餡搓成 10 顆約 15g 的球形內餡，放入
冷凍成形。

Tips 用手指稍微施力將內餡捏成紮實的球形。

製作油酥

❻ 過篩後的低筋麵粉挖出一個小洞，放入豬油，
將麵粉從外向內覆蓋，讓豬油均勻混合麵粉，
推勻成團後，包上保鮮膜冷藏 15 分鐘。

Tips 也可使用奶油製
作，但起酥可能不會開
得那麼漂亮。此階段留
意不要過度攪拌。

❼ 過篩的低筋麵粉中加入豬油、砂糖；冰水加入粉紅色食用色素攪散，倒入盆中混合。

Tips 豬油會因溫度融化，務必使用冰水，才易成形；倒入冰水時，要同時攪拌，才能混合均勻。

❽ 將水油皮捏成團後稍微拍平，用保鮮膜包起，冷藏 15 分鐘。

❾ 冷藏後的油酥與水油皮各分成 10 等份，搓成圓球形。

Tips 還沒用到的油酥跟水油皮記得用保鮮膜蓋起，避免水分流失造成表面乾裂。

❿ 取一份油酥跟水油皮。擀麵棍稍微撒上手粉，將水油皮麵團擀平，放上油酥麵團後包起。包好的水油皮再用保鮮膜蓋起，避免流失水分。

Tips 收口處要用手指確實捏緊，並朝下放置。

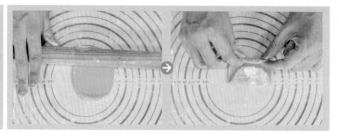

擀壓

⓫ 將包好的水油皮麵團先用手掌稍微壓平後，再用擀麵棍擀薄，前後端向內折三折。

⓬ 將麵團進行第二次擀平、折三折。

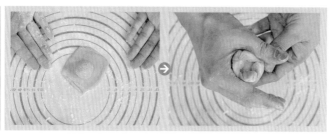

包入蛋黃餡

⓭ 輕麵團再一次擀平，放上蛋黃餡包起，將收口收緊並朝下擺放。

劃刀痕

Tips 完成後荷花酥可先冷藏備用，避免在準備後續油炸作業時軟化，影響成品美觀。

⓮ 用小刀在表面輕切三刀，呈六等分，可稍微切到內餡，再用筷子輕輕撥開表皮。

油炸

⓯ 將油鍋熱到 150 度，大約將竹筷插入時冒出小油泡的程度。轉小火，將荷花酥置於撈網上油炸，用筷子將花瓣稍微撥開，花開後即可起鍋。起鍋後，放在餐巾紙上稍微吸掉炸油，放涼後即可食用。

> **Tips** 若油鍋不夠深，吃不到油，可撈一些熱油淋在荷花酥上。頂端開花後即可關火，利用餘溫繼續油炸。

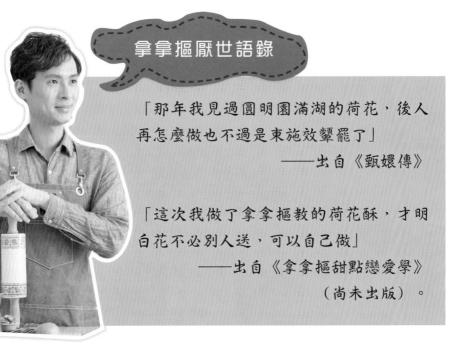

拿拿摳厭世語錄

「那年我見過圓明園滿湖的荷花，後人再怎麼做也不過是東施效顰罷了」
——出自《甄嬛傳》

「這次我做了拿拿摳教的荷花酥，才明白花不必別人送，可以自己做」
——出自《拿拿摳甜點戀愛學》
（尚未出版）。

肉桂捲

瘋狂搶購！好吃到飆淚的網美肉桂捲

肉桂捲的魅力就是在鬆軟的麵包捲當中加好加滿，讓人一口咬下就酥麻的肉桂粉啊！只要嘗過一次，包你變得此生再也不行沒有肉桂，就是這樣銷魂的好滋味。

扎實的楓糖麵包體配上每一層裹滿的肉桂奶油醬，搭配核桃，是肉桂控不能錯過的食譜。

每次出爐後滿室的肉桂香久久無法散去，街坊鄰居不用介紹都知道你在烤出完美肉桂捲。無論你是核桃派、不加派、糖霜派，還是奶油乳酪派，只要學會基礎做法就能做出超多變化，變身肉桂捲小達人，做出層次漂亮又濃厚辛辣的網美肉桂捲！

◢ 材料

▌麵包體

高筋麵粉	470g
牛奶	155g
楓糖	155g
無鹽奶油	45g
速發乾性酵母	9g
全蛋	1 顆

▌內餡

肉桂粉	25g
黑糖	50g
二號砂糖	50g
常溫無鹽奶油	60g

核桃	50g
全蛋液	少許

▌抹醬

奶油乳酪	80g
無鹽奶油	40g
糖粉	100g
鹽巴	少許
香草籽醬	少許

▌模型

寬 23× 長 34× 高 4cm

長方形模

◢ 作法

製作麵團

❶ 牛奶加熱至 50 度左右，加入酵母粉拌勻，靜置 10 分鐘。

Tips 牛奶溫度不能過高，以免影響酵母作用。

Tips 也可使用桌上型攪拌器,搭配麵團勾轉頭操作。

❷ 高筋麵粉過篩後,加入酵母牛奶以及楓糖,使用手持攪拌器組合麵團勾,將麵團攪拌至成團。

❸ 將奶油隔水加熱融化後倒入麵團盆,再倒入全蛋液。

Tips 奶油隔水加熱後須放涼才可倒入。

❹ 先用雙手用力揉捏,將奶油及蛋液讓麵糰吸收,再使用攪拌器慢速揉麵團至不沾鍋不沾手。

❺ 蓋上溫水濕布,放在溫暖密閉空間(如室溫微波爐或室溫烤箱)發酵 90 分鐘。

Tips 使用發酵箱,可設定濕度約 65%、溫度 27 ~ 30 度。

肉桂抹醬

❻ 將肉桂粉以及常溫奶油拌勻成肉桂抹醬。

Tips 肉桂粉可依自己口味喜好,選擇偏辣或是一般料理用。

❼ 將步驟 5 發酵好的麵團取出後，擀開成長45 公分、寬 50 公分的平面。

❽ 均勻塗上肉桂抹醬，最上面預留約 1 公分的空白處。

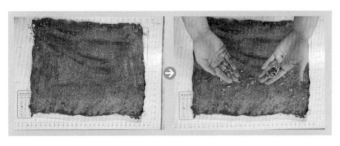

❾ 黑糖、砂糖混勻後均勻撒上，再將核桃捏碎，隨興鋪上。

❿ 在預留的空白處抹上溫開水，讓最後捲起的地方可以黏合。

⓫ 將麵團小心捲起，過程不需按壓。

Tips 捲得太緊會影響麵糰發酵。

⓬ 將捲起麵團平均切成12 等分（每個約 4公分）。

發酵

⓭ 放入模具後，讓麵團保持一點距離，再放入密閉空間或發酵箱發酵 60 分鐘。

Tips 發酵箱的設定濕度約為 65%、溫度為 27 ～ 30 度。

烘烤

⓮ 發酵完成後塗上蛋液，放入烤箱，以上下火 205 度，烘烤 20 分鐘即可。

⓯ 抹醬所有材料拌勻，可塗在肉桂捲上搭配食用。

拿拿摳厭世語錄

「不喜歡肉桂也能接受的肉桂捲」，這句話對它是一種羞辱！

厭世警語 甜點網美照適可而止就好，
切勿拍到兩人貌合神離。

厭世劇場 一個人想拍多久就拍多久，
單身萬歲（才怪）！

Part 5

出遊必備！
野餐、午茶的享受甜點

曲奇餅乾		超簡單、零失敗，酥到要要的美味餅乾
葡萄乾燕麥餅乾		省錢又好吃的歐式下午茶
岩燒蜂蜜蛋糕		鹹甜交織的獨特風味
杏仁瓦片		可以用力消化蛋白的食譜
瑪德蓮		最平價的法式甜點
輕乳酪蛋糕		輕飄飄、彈力十足的輕盈蛋糕

曲奇餅乾

超簡單、零失敗，酥到耍耍的美味餅乾

曲奇餅乾為人熟知的就是它的酥脆口感，不同的奶油會有口感上些許的差異，我採用的是無鹽發酵奶油，除了更有風味，也可最大程度的保留住餅乾一入口的酥爽特色。

除了奶油原味，也可以用可可粉、抹茶粉替換同分量麵粉，變化出不同口味。

製作過程須用到雙手洪荒之力，訓練虎口的力氣，將來好握得住……某些東西。

示範影片

材料

無鹽奶油	115g	玉米粉	40g
低筋麵粉	115g	鹽巴	少許
糖粉	40g	香草籽醬	適量

作法

製作麵團

❶ 將奶油置於常溫軟化，再用手持攪拌器以低速攪打至稍微化開即可。

Tips 奶油千萬不要攪拌過頭，以免餅乾烤出來容易塌陷。

❷ 加入糖粉、鹽巴、香草籽醬，以低速攪拌至反白，呈現柔順絲稠狀。

❸ 將過篩的低筋麵粉、玉米粉混合後，分2～3次加入奶油糊中，以切拌的方式將材料融合至團狀。

Tips 加入粉類材料後，不要過度攪拌以免出筋，影響口感。如果想變化口味，可以加入 10g 可可粉或是 8g 抹茶粉（並將低筋麵粉減量），和過篩麵粉一同加入。

成型&烘烤

❹ 將麵團放入擠花袋中，於烤盤上擠出適當的大小，再放入冰箱冷凍 30 分鐘，可避免成品塌陷。如果麵團過硬不好擠出，可在放入擠花袋前，先放入烤箱以低溫 50 度烘焙 10 秒，使其軟化。

Tips 此麵團質地扎實，建議使用兩層擠花袋，外層的磅數需要厚一點，避免擠花時破掉。花嘴建議使用 10 ～ 12 齒且圓心大一點的型號，擠出來的形狀會比較好看。

❺ 放入預熱好的烤箱，以上下火 150 度烘烤 30 分鐘，再以 180 度烤 5 分鐘，讓表面上色即可。

拿拿摳厭世語錄

訓練你虎口力量的最佳時機。手技好，一輩子受用無窮。

葡萄乾燕麥餅乾
省錢又好吃的歐式下午茶

這款餅乾用到的材料少、作法簡單，需要現學現賣的時候，保證可以一舉成功，風味也不會讓人失望！

一口咬下會先品嘗到酥脆口感，接著會傳來葡萄乾的甜味，以及燕麥的獨特風味，絕對會讓你一口接一口。我想不出有誰可以抗拒它，老少咸宜、男女通吃、人見人愛、門庭若市啊！

示範影片

材料

中筋麵粉	100g	全蛋	1 顆
無鹽奶油	110g	鹽巴	1 小撮
二號砂糖	80g	葡萄乾	50g
泡打粉	1 茶匙	蘭姆酒	10g
燕麥	120g		

作法

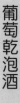

葡萄乾泡酒

❶ 將葡萄乾浸泡在蘭姆酒中。如果是要做給小朋友吃的，請省略此步驟。

Tips 浸泡時間最佳為 30 分鐘。

製作麵團

❷ 將常溫奶油和砂糖、鹽攪拌均勻。

❸ 加入蛋液，繼續攪拌均勻。

❹ 加入過篩的中筋麵粉、泡打粉，攪拌成麵團狀。

❺ 加入燕麥，攪拌混合均勻。

Tips 燕麥與葡萄乾分別加入，會較好操作。

❻ 加入步驟 1 葡萄乾和未被吸收的蘭姆酒，混合均勻。

❼ 將麵團依個人喜好揉成適當的圓球大小，再壓扁。

Tips 若發現麵團非常沾手，可放置於冷藏 20 分鐘後再進行壓製。

❽ 將烤箱預熱好，以上下火 170 度，烘烤約 15 分鐘。

Tips 將其烤至金黃色澤即可，可視情況加烤 2 ～ 3 分鐘。

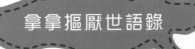

拿拿摳厭世語錄

要做就多做一點，反正最後都會被搶光！

岩燒蜂蜜蛋糕

鹹甜交織的獨特風味

表層焦黃起司的鹹味，配上蜂蜜蛋糕的甜味和綿密，兩種不同的風味交織，連不喜歡甜食的人也會被引起興趣！

無比蓬鬆的蛋糕主體，每一口都盡顯蜂蜜的優雅甜味，搭配最後高溫烘烤的起司焦香與鹹味，讓你不得不服啊。

示範影片

材料

▌蜂蜜蛋糕體

高筋麵粉	80g
蛋白	110g（約 5 顆）
蛋黃	100g（約 5 顆）
蜂蜜	20g
二號砂糖	70g
溫開水	20g

▌岩燒起司醬

起司片	2 片
無鹽奶油	20g
蜂蜜	10g
二號砂糖	10g
動物性鮮奶油	30g

▌模型

6 吋蛋糕模

作法

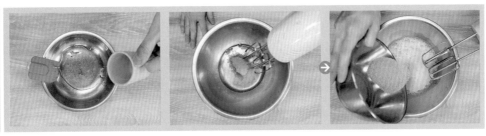

❶ 將溫開水倒入蜂蜜中，輕輕攪拌化開。

❷ 加入 1/4 砂糖打發蛋白。先以中速打發至產生大泡泡時，再加入第二次砂糖。

Tips 本甜點要將砂糖分四次與蛋白打發。

❸ 以中速持續攪打至產生小泡泡時，再加入第三次砂糖。

❹ 持續攪拌至產生紋路，再加入剩下的砂糖，攪打至細緻無泡泡、拉起來有小尖角即可。

❺ 蛋黃液分兩次倒入蛋白霜裡，攪拌均勻。

Tips 使用紅心雞蛋，會讓蛋糕成色更好。

❻ 過篩的高筋麵粉分兩次加入，以切拌方式混合至看不到顆粒。

❼ 將兩大匙的麵糊加入步驟 1 的蜂蜜水中，快速攪拌至光滑細緻的狀態。

❽ 再將步驟 7 的蜂蜜麵糊加入主麵糊中，以切拌方式攪拌至光滑細膩。

❾ 在模具底部鋪上一層砂糖。

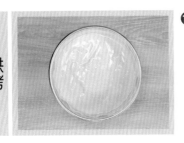

⑩ 將麵糊倒入模具中,稍微晃動模具並用刮刀將表面抹平整,再放入預熱好的烤箱,以上火170度、下火150度,烘烤35～40分鐘。將烤好的蛋糕模輕敲桌面,再倒扣取出,待蛋糕恢復常溫,用保鮮膜包起並放入冰箱冷藏1小時以上。

Tips 為了要讓蜂蜜蛋糕保有口感,倒入麵糊後不要將空氣敲出。

⑪ 將奶油和起司片放入鍋中,隔水加熱攪拌混合。

⑫ 加入蜂蜜、砂糖、鮮奶油,攪拌均勻後,即可關火。

Tips 如果沒有要立即使用,請將岩燒醬放於熱水中,避免凝固。

⑬ 將岩燒醬抹在蛋糕表面,放入預熱好的烤箱,以上火240度、下火0度,烘烤5～8分鐘,將表面烤至表面起司微焦即可。

拿拿摳厭世語錄

讀者提問:「上面燒焦了怎麼辦?」

拿拿摳答:「沒怎麼辦啊,會更好吃喔!」

杏仁瓦片
可以用力消化蛋白的食譜

焦黃色的表層一口咬下，可以聽到酥脆的聲音，咀嚼一番，可以感覺到楓糖和橙酒的香氣慢慢散發出來，最後有一股淡淡的檸檬香收尾。連不吃甜食的 Taco 也說好吃，可說是天大的讚賞！

示範影片

材料

蛋白	80g	薄切杏仁片	140g
二號砂糖	40g	橙酒	3g
低筋麵粉	40g	香草籽醬	適量
無鹽奶油	30g	檸檬皮	半顆量
楓糖	20g		

作法

製作麵糊

❶ 將蛋白、砂糖以打蛋器攪打至微微起泡。

❷ 加入楓糖（也可替換成蜂蜜）增加風味，攪拌均均。

❸ 加入橙酒，繼續拌勻。❹ 刨入檸檬皮絲，攪拌均勻。

Tips 本步驟可讓你的瓦片風味明顯有層次。

  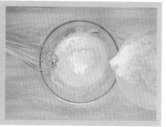

❺ 加入香草籽醬，攪拌均勻。　❻ 加入隔水加熱的融化奶油，攪拌均勻。　❼ 將過篩好的低筋麵粉分兩次加入，攪拌至完全看不到麵粉時就可以了。

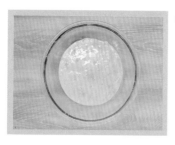

❽ 加入杏仁片，混合均勻，讓杏仁片都能沾黏到麵糊。

> **Tips** 杏仁片的用量切勿隨意減少，當杏仁片不足時，烘烤後的成品容易碎裂。

❾ 製作好的麵糊用保鮮膜包起來，放入冰箱冷藏1天，讓麵糊吸收奶油和蛋的香氣。

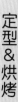 定型&烘烤

❿ 將冷藏好的麵糊取出，先用湯匙將麵糊鋪在烤盤上，再用叉子壓薄。

> **Tips** 鋪麵糊時越薄越好，避免烤出來的成品內部不熟，口感會偏軟不脆。

⓫ 放入預熱好的烤箱，以上下火 160 度烘烤 15 分鐘，烤完如果上色不足，可以每次多加 2 分鐘續烤，直到表面呈金黃色。

拿拿摳厭世語錄

讀者提問：「剩下的蛋黃該怎麼辦呢？」
拿拿摳答：請翻閱第 98 頁的藍莓卡士達塔。

瑪德蓮
最平價的法式甜點

法國國民甜點瑪德蓮來了！材料價格實惠、作法非常簡單，初學者也能輕鬆做出讓人驚豔的甜點。也可以自行搭配不同的糖霜，或是加入可可粉、抹茶粉，製作出口味多樣的風味。

剛烤出爐的瑪德蓮，稍微放涼後馬上享用是最美味的，外表酥脆、蛋糕體濕潤綿密。最正統的吃法是一口咬下最具特色的肚臍部位！雖然可以常溫保存，但還是建議三天內食用完畢。

示範影片

材料

無鹽奶油	110g	鹽巴	1 小撮
低筋麵粉	130g	二號砂糖	90g
全蛋	2 顆	蜂蜜	20g
泡打粉	5g		
香草籽醬	適量		
柑橘（橘子、檸檬）	半顆量		

模型

貝殼造型模具

作法

處理烤模

❶ 先在模具表面塗上一層常溫奶油，防止脫模時沾黏。

❷ 均勻撒上過篩麵粉後，再抖掉多餘的麵粉，放入冰箱冷藏 1 小時以上。

柑橘皮砂糖

❸ 將柑橘皮刨入砂糖中，再用手搓揉，讓柑橘皮可以更緊密的附著在砂糖裡，做出來的成品香氣會更豐厚。

Tips 柑橘類的香氣較強烈，也可以替換成檸檬，較為清香不刺激。刨絲時要留意，避免刨入會苦的白果皮。

混合材料

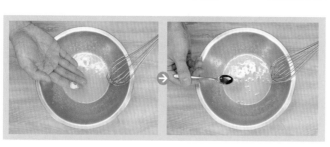

❹ 加入兩顆全蛋，均勻攪拌至有點反白、帶有黏稠感即可。

Tips 避免過度打發，失去綿密口感。

❺ 加入鹽巴、香草籽醬，攪拌拌勻。

❻ 加入過篩的低筋麵粉和泡打粉，攪拌至無顆粒感。

Tips 加入泡打粉可讓蛋糕體膨脹，產生空氣感。可在此階段加入 5 ～ 7g 可可粉或抹茶粉，做出不同口味。

❼ 分次加入隔水加熱後的奶油,攪拌均勻。

> **Tips** 奶油隔水加熱後需要先降溫至 40 ～ 60 度再加入,避免蛋液被燙熟,影響口感。

❽ 加入蜂蜜拌均。

❾ 包上保鮮膜,放入冰箱冷藏 1 小時。

> **Tips** 麵糊冷藏鬆弛後,能帶來更為滑順細緻的口感。

入模&烘烤

❿ 將麵糊填入擠花袋,再擠入貝殼模型中,大約九分滿,避免烘烤後膨脹外溢。

> **Tips** 冷藏後的麵糊較為濃稠,利用圓形花嘴和擠花袋擠入,會較好入模。

⓫ 再用湯匙整平表面,放入預熱好的烤箱,以上下火 190 度烘烤 15 分鐘。

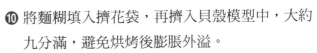

拿拿摳厭世語錄

切記切記,烤出漂亮的貝殼花紋是模具的功勞,不是你的功勞。

輕乳酪蛋糕

輕飄飄、彈力十足的輕盈蛋糕

相較於重口味、較易吃膩的重乳酪蛋糕，輕乳酪蛋糕較為清爽，讓人一口接一口。保證連阿公、阿嬤也會喜歡。口感綿密，尾韻還散出乳酪香氣，是個在眾多要求下誕生的一款甜點。

除了想當然的美味，我更希望自己具有輕乳酪蛋糕的超級抗壓性（笑）。

示範影片

蛋黃	5 顆	鹽巴	1 小撮
蛋白	5 顆	檸檬汁	5g
牛奶	60g	香草籽醬	少許
無鹽奶油	50g		
奶油乳酪	160g		
低筋麵粉	50g		
二號砂糖	75g		

■ 模型

7 吋圓型模具

作法

軟化奶油

❶ 煮一鍋熱水，再將裝盛奶油、奶油乳酪、牛奶的盆器隔著熱水攪拌均勻。利用熱蒸氣將材料迅速混合至無顆粒感。

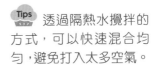 Tips 透過隔熱水攪拌的方式，可以快速混合均勻，避免打入太多空氣。

蛋黃液

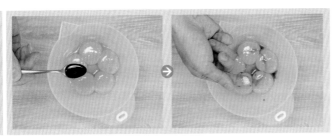

❷ 在蛋黃中加入香草籽醬、鹽巴，攪拌均勻。

❸ 將步驟 2 的蛋黃液分次加入步驟 1 的乳酪糊中，攪拌均勻。

❹ 加入過篩的低筋麵粉，攪拌均勻備用。

❺ 在蛋白中加入檸檬汁，用攪拌器以中高速打發 1 分鐘，打出粗泡泡。

❻ 將砂糖分三次加入。先加入 1/3 砂糖，以中高速攪打 2 ～ 3 分鐘，打出細緻泡泡，再加第二次砂糖。

❼ 以中高速攪打出泡泡變細且質地綿密，再加入第三次砂糖。

❽ 以中高速攪打至中性發泡，呈現質地尖挺的蛋白霜。

Tips 中性發泡就是介於濕性和乾性發泡之間，蛋白質會呈現小尖角，不會具亮光感。

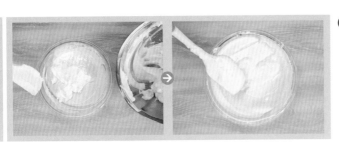

❾ 將蛋白霜分三次加
入步驟4乳酪糊中,
以切拌的方式拌勻。

Tips 切拌速度要快,
避免蛋白霜消泡。

❿ 將麵糊倒入模具中,大約6分滿,輕敲桌面消
除氣泡。將模具放入加有水的烤盤中。

Tips 模具內可以先圍上烘焙紙以利烘烤後脫模。

⓫ 覆蓋上鋁箔紙,放入預熱好的烤箱,以上下火
150度烘烤70分鐘,取出鋁箔紙後,再以180
度烘烤15分鐘,使表面上色。出爐後直接將
蛋糕拿出放涼可避免蛋糕縮腰情況。

Tips 使用氣炸鍋可以140度烘烤30分鐘,如要加
烤每次以3分鐘調整,避免烤焦。

拿拿摳厭世語錄

就是有人乳酪蛋糕想要保留奶味,又想吃到
海綿般的口感,好啦,魚跟熊掌都給你啦!
烤完後你可以大力的打壓它,看它是否跟你
一樣具備這年頭最需要的抗壓性。

Part 6
收買人心！
人見人愛的社交甜點

 乳香牛軋糖　　　　簡單易做不黏牙，媲美市售名店

 酥皮伯爵茶泡芙　單身者一人一顆，填補內心空缺

 美式重乳酪蛋糕　滿足乳酪控的濃厚風味

 草莓裸蛋糕　　　　看得到華麗內在的裸餡蛋糕

 黃金乳酪球　　　　簡單不求人，好吃停不了

 達克瓦茲　　　　　晉升到上流社會的貴婦午茶甜點

乳香牛軋糖

簡單易做不黏牙，媲美市售名店

牛軋糖被評選為「全世界最好吃的零食之一」，濃郁的乳香和有嚼勁的口感，再加上蔓越莓和蘭姆酒，完美中和棉花糖的甜度。

牛軋糖有兩種製作方式，一種是用水加麥芽糖熬煮，步驟較為複雜與困難，拿拿摳要教大家簡單版，利用白色棉花糖製作，做出來的成品不論形狀、顏色、風味，都和市售的牛軋糖頗為相似呢！

示範影片

材料

白色棉花糖	210g	花生	30g
無鹽奶油	35g	整顆杏仁	120g
全脂奶粉	75g	蘭姆酒	8g
鹽巴	2g	蔓越莓	65g

作法

前置準備

❶ 將堅果放入預熱好的烤箱，以上下火 160 度烘烤生堅果 20 分鐘。烤完後先放涼，避免過熱，再放入保持 70 度的烤箱中。

❷ 將蔓越莓浸泡在蘭姆酒中。

❸ 將棉花糖撕成小塊，幫助平均受熱。

Tips 本步驟有助於棉花糖受熱均勻，降低失敗風險。

加熱攪拌

❹ 以小火融化無鹽奶油至液態狀，再加入棉花糖拌炒，可以一邊按壓，加速融化速度。

Tips 製作牛軋糖需全程保持小火，且一定要使用不沾鍋。

⑤ 棉花糖拌炒至糊狀後，加入全脂奶粉並快速翻攪至沒有顆粒，再加入鹽巴攪拌均勻，即可關火。

⑥ 加入 70 度的堅果，混拌均勻後，再加入蔓越莓拌勻。

定型包裝

⑦ 放在耐熱袋中並包覆起來，趁還有熱度時用擀麵棍擀平，厚度不要超過 1cm，靜置到常溫狀態，橫放至冷凍 30 分鐘成形。

⑧ 切成大約寬 1cm、長 5cm 的長方體，再用包裝紙包起來即可。

拿拿摳厭世語錄

牛軋糖做成婚禮小物也很適合，這一筆省下來，蜜月多去幾個點。

酥皮伯爵茶泡芙

單身者一人一顆，填補內心空缺

濃郁的伯爵紅茶和甜而不膩的巧克力，用滿滿的內餡填補空虛寂寞的心靈，搭配上剛烤出來的香脆外皮，非常適合下午茶時光。吃不完的泡芙，可以冷凍，會創造出冰淇淋的口感。

填入餡料的步驟可以入選製作甜點十大抒壓時刻，我要填十個！

示範影片

材料

泡芙

開水	150g
無鹽奶油	80g
鹽巴	2g
低筋麵粉	120g
常溫全蛋蛋液	250g

伯爵乳霜

牛奶	130g
動物性鮮奶油	130g

伯爵茶包	3 包
蛋黃	3 顆
二號砂糖	100g
70% 苦甜巧克力	150g
動物性鮮奶油	400g

工具

擠花袋

1cm 圓形花嘴

作法

伯爵奶茶

❶ 將牛奶煮至小滾，放入茶泡，用湯匙稍微按壓茶包後關火，浸泡入味備用。

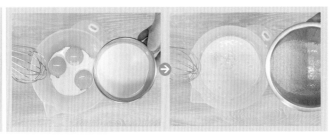

混合材料

❷ 將 130g 鮮奶油、蛋黃攪拌均勻，再加入砂糖拌勻。

加熱巧克力

❸ 倒入伯爵奶茶，一邊倒入一邊快速攪拌，攪拌好再放入苦甜巧克力。

❹ 將巧克力鍋小火加熱至融化，放涼後再冷藏 6 小時以上。

加入鮮奶油

❺ 取出冷藏後的伯爵乳霜，加入冰過的 400g 鮮奶油，手持攪拌器打發，伯爵乳霜完成。

製作泡芙

❻ 將開水和奶油以大火加熱，攪拌均勻。加熱至滾，加入過篩的低筋麵粉和鹽巴。快速攪拌至沒有白色粉末後關火。

Tips 一定要趁奶油水滾燙再加入麵粉，不然容易失敗。

❼ 將常溫蛋液分 4 ～ 5 次加入麵團中，混合均勻。一定要等蛋液完全被麵團吸收後，再倒入新的蛋液，麵團即完成。

Tips 要趁麵團還有熱度時倒入蛋液，攪拌時覺得阻力大是正常。

塑型烘烤

❽ 將麵團放入擠花袋中，保持垂直手勢擠出適當大小，泡芙才不會歪掉。

Tips 因為麵團偏硬，建議用專業擠花袋。

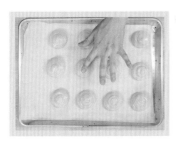

❾ 手指頭沾水，將麵團表面壓平，放入預熱好的烤箱，以上下火 190 度烘烤 20 分鐘，再以 170 度烤 20 分鐘。

Tips 烘烤時全程都不能打開烤箱，避免泡芙扁塌。

填入餡料

❿ 在泡芙底部以小的花嘴戳出一個小洞。

Tips 請用小的擠花嘴，以免餡料倒流。

⓫ 擠入餡料，填滿泡芙。填滿餡料後要馬上享用，避免泡芙軟掉。

Tips 想要吃到冰淇淋的口感，可將泡芙冷凍 30 分鐘，再淋上少許巧克力甘納許裝飾。

拿拿摳厭世語錄

療癒感在於把空洞填滿的過程，但不要太用力，以免樂極生悲的爆破。
獻給內心想被填滿的你…和我自己。

美式重乳酪蛋糕
滿足乳酪控的濃厚風味

口感綿密，一口咬下乳酪味就在嘴裡化開，加上淡淡的檸檬清香，最後尾韻出現餅乾鹹香，完全襯托乳酪的奶香，喜歡厚實乳酪香氣的人，不容錯過！

擺上覆盆子、藍莓，或淋上莓果醬汁，搭配微酸滋味，不但可以讓乳香更突出，還更加清爽解膩。

每一家甜點店都要有的經典甜點，不要被它樸實的外表欺騙，細細品嘗你會大為驚豔。

示範影片

材料

█ 餅乾底

奶油餅乾	90g
無鹽奶油	35g

█ 乳酪糊

奶油乳酪	400g
二號砂糖	100g
全蛋	2 顆

酸奶油	200g
檸檬汁	15g
低筋麵粉	15g
香草籽醬	少許
檸檬皮	少許

█ 模型

七吋陽極圓型模

作法

製作餅乾底

❶ 將奶油餅乾敲碎。隔水加熱無鹽奶油，將無鹽奶油和餅乾碎屑混勻。

 奶油餅乾不用切太碎，帶點顆粒口感會更好。

❷ 將奶油餅乾放在鋪有烘焙紙的模具中，並用湯匙按壓密實，再放入預熱好的烤箱，以上下火160 度烘烤 15 分鐘。

Tips 有些人會將餅乾底直接冷凍，不過我覺得用烤的會更香更酥脆。

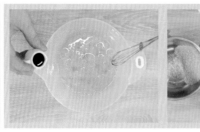

Tips 混勻時都要溫柔一點全程低速，質地才會柔順。

❸ 將蛋打散後加入香草籽醬混勻備用。

❹ 將室溫奶油乳酪用手持攪拌器以低速拌至沒有塊狀後，再加入砂糖持續以低速混勻。

❺ 將蛋液分兩次加入，攪拌至看不見蛋液時，再加入新的蛋液混拌均勻。

❻ 加入 200g 酸奶油，攪拌均勻。

Tips 也可以用無糖優格替代酸奶油。

❼ 加入 15g 檸檬汁，攪拌均勻。

❽ 加入過篩後的低筋麵粉，攪拌均勻。

❾ 刨入檸檬皮提味。

入模&烘烤

❿ 將乳酪糊倒入放有餅乾底的模具中，輕敲桌面，減少氣泡，再用刮刀將表面修飾平整。

⓫ 放入預熱好的烤箱，以上下火 150 度烘烤 50 ～ 60 分鐘後，將烤箱打開一個小縫（可用防熱手套擋住烤箱），悶 1 小時。出爐恢復常溫後，冷藏至少 6 小時再享用。

拿拿摳厭世語錄

用香草香精的不一定是壞人，
但用香草籽醬的一定是好人。

草莓裸蛋糕

看得到華麗內在的裸餡蛋糕

雪白的鮮奶油和微露鮮紅的草莓，怎叫人不怦然心動！這個裸蛋糕不是空有華麗外表，還相當實吃。細緻的鮮奶油搭配上蘭姆酒醃草莓，完整烘托出蛋糕的立體風味，做這款蛋糕送人或招待親友來訪，完全不會讓你丟臉！

直接赤裸裸地告訴大家你的真心！還有你不吝購買草莓的決心！

示範影片

材料

海綿蛋糕體

全蛋	2 顆
二號砂糖	60g
（與全蛋一起打發）	
蛋白	80g
二號砂糖	15 g
（與蛋白一起打發）	
低筋麵粉	65g
動物性鮮奶油	25g

糖漬草莓

草莓	140g
糖粉	35g
蘭姆酒	5g

夾層裝飾

開水	10g
蘭姆酒	20g
草莓	10 顆
動物性鮮奶油	350g
糖粉	10g

模型

七吋陽極圓型模

作法

蛋黃糊

❶ 將全蛋以手持攪拌器打發至蓬鬆，加入 60g 砂糖繼續打發，打至霜狀，呈尖角且不會掉落的狀態。

❷ 加入常溫鮮奶油，以
低速稍微拌勻。

❸ 加入過篩的低筋麵
粉，輕輕拌勻備用。

❹ 將蛋白以手持攪拌器打至有點起泡，加入 15g
砂糖，再打發至濕性發泡。

Tips 蛋白頂端出現尖角自然下垂。

❺ 將打發的蛋白，分兩次加入步驟 3 的蛋黃糊
中，攪拌均勻。

Tips 以切拌方式進行，快速但不需太過用力。

❻ 將麵糊倒入四周鋪有烘焙紙的烤模中，輕敲桌
面以減少氣泡，再放入預熱好的烤箱，以上下
火 170 度烘烤 25 分鐘。

Tips 沾點奶油在烘焙紙與模具間，可幫助烘焙紙
固定在模具中。

糖漬草莓

❼ 將蘭姆酒和糖粉攪拌均勻。

❽ 草莓切片，放入蘭姆酒糖粉中，浸泡 10 分鐘。

打發鮮奶油

❾ 將過篩的糖粉加入鮮奶油中，用手持攪拌器以中速或高速打發鮮奶油 2～3 分鐘至 9 分發，讓鮮奶油呈現固態且柔順。

夾層裝飾

❿ 海綿蛋糕出爐後，靜置於室溫冷卻，再以線刀橫切成 3 片。

 Tips 時間充分時，將海綿蛋糕包上保鮮膜，冷藏 2 小時更好。

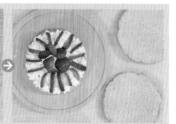

⑪ 開水加上蘭姆酒混勻,均勻塗抹在海綿蛋糕上。

⑫ 將步驟9打發的鮮奶油放進擠花袋,擠一圈鮮奶油,再將步驟8的草莓放在鮮奶油中間,重複動作將兩層夾層製作完成。

Tips 選用有花紋的花嘴,擠出的鮮奶油會更漂亮。

⑬ 在最上層的海綿蛋糕上擠一圈鮮奶油,中間再放上整顆新鮮草莓裝飾即可。

Tips 最後可以再撒上糖粉,增添繽紛。
頂層草莓可刷上果膠,延長其色澤鮮度。

拿拿摳厭世語錄

裸就是要讓大家看到你用心的擠花跟一大堆草莓!
小露香肩、若隱若現,懂嗎?用點心做點心!

黃金乳酪球
簡單不求人，好吃停不了

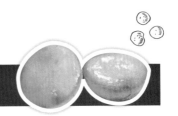

底部鋪上一層酥酥的塔皮基底，再配上香濃的乳酪餡，造就了這一款別的地方吃不到的雙重口感，不黏不膩，保證一吃就上癮！

同時力拼本世紀最佳伴手禮，處理嘴饞的終極武器，一口一個毫無壓力，吃完了再烤一批。

示範影片

材料

杏仁塔皮團	100g
（請見 p.91 ）	

▌乳酪餡

奶油乳酪	100g
蛋黃	2 顆
二號砂糖	20g
玉米粉	5g

動物性鮮奶油	10g
檸檬汁	5g
香草籽醬	少許

▌模型

直徑 4cm 的半圓耐熱矽膠模

作法

烘烤底層

  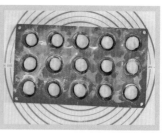

❶ 撒上少許手粉，避免沾黏、好脫模。

❷ 將退冰的塔皮團（請見 p.91）捏成 6g 大小，放入模具中稍微壓平。

Tips 塔皮團一球約 7g，不用太多，才不會搶走乳酪的風采。

❸ 放入預熱好的烤箱中，以上下火 160 度烘烤 15 分鐘至半熟即可。

❹ 將室溫奶油乳酪攪打　　❺ 在香草籽醬加入蛋黃　　❻ 加入檸檬汁拌勻。
　　化開，加入砂糖攪拌　　　　中拌勻，再倒入乳酪
　　均勻。　　　　　　　　　　糊中拌勻。

❼ 加入鮮奶油拌勻。　　　❽ 加入玉米粉拌勻，拌
　　　　　　　　　　　　　　至看不到粉材就好，
　　　　　　　　　　　　　　不要過度攪拌。

❾ 將乳酪糊倒進擠花袋，將乳酪餡料填至步驟3
　的模具裡，放入預熱好的烤箱，以上下火180
　度烘烤12分鐘，再以160度烘烤12分鐘至表
　面上色。

⑩ 烤好後放入冷凍 3 小時以上再脫模。

拿拿摳厭世語錄

取代爆米花的追劇必備零嘴，
後遺症是沙發會陷得更深。

達克瓦茲

晉升到上流社會的貴婦午茶甜點

外層酥脆，內餡柔軟輕盈的達克瓦茲，一口咬下就會強烈感受到杏仁餅乾和內餡的香氣，優雅又迷人，讓人一秒到法國。

因其製作過程相似，被喻為是馬卡龍的姊妹甜點，但成功率高且甜度相較較低，也擄獲了不少人的心。

想要舉辦一場 Salon 嗎？達克瓦茲當成下午茶絕對不漏氣！

示範影片

餅乾體

杏仁粉	80g
糖粉	55g
低筋麵粉	10g
鹽巴	1g
二號砂糖	35g
蛋白	110g

內餡

牛奶	80g
香草籽醬	少許

二號砂糖	40g
玉米粉	5g
無鹽奶油	100g
蛋黃	2 顆
鹽巴	1 小撮
檸檬皮	適量

模型

橢圓形達克瓦茲模

作法

混合粉材

❶ 將杏仁粉、低筋麵粉、糖粉過篩混合拌勻,加入鹽巴。

Tips 做達克瓦茲時,所有粉材都要過篩,成品的口感和外觀才會細緻。

打發蛋白

❷ 用手持攪拌器將蛋白以高速打發,起泡後分兩次加入砂糖,打發至硬性發泡,提起蛋白霜尖角不會下垂的狀態。

 Tips 打至硬性發泡後,可以再用慢速打 20 秒,可降低消泡的情形。

麵糊完成

❸ 將步驟 1 過篩好的粉材分兩次加入打發蛋白中,以切拌的方式混合至沒有粉末。

入模

❹ 利用擠花袋將麵糊入模,擠的時候要從模型邊緣往內填充,填滿至與模型同高。

Tips 模具下面記得要墊上烘焙紙。

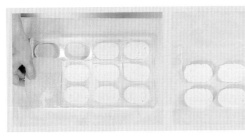

❺ 用刮板抹平表面。刮的次數越少越好,避免消泡。

❻ 慢慢把模具拿起來。

❼ 撒上糖粉，且需要撒兩次，放入預熱後的烤箱，以上火 180 度、下火 160 度，烘烤 16 分鐘。

Tips 餅乾糊是濕的，撒上糖粉會被吸附，所以要撒兩次。

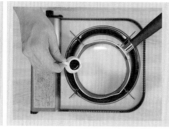

❽ 將牛奶、香草籽醬加熱攪拌，加熱至鍋邊冒小泡關火備用。

❾ 將蛋黃、砂糖攪拌均勻後，加入過篩的玉米粉，攪拌至沒有顆粒。

Tips 蛋黃跟砂糖攪拌到反白即可。

❿ 放入鹽巴，攪拌均勻。

⓫ 倒入步驟 10 的加熱牛奶，一邊快速攪拌均勻。

⓬ 將牛奶麵糊倒入不沾鍋中，以中小火加熱攪拌至半固態狀態。

Tips 攪拌的時候不要太大力，讓卡士達醬均勻凝固即可。

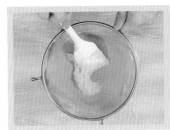  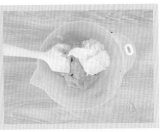

⑬ 將內餡過篩，使口感更滑順。

⑭ 加入適量檸檬皮，增加香氣。

⑮ 加入常溫奶油，攪拌混合均勻，內餡完成，放涼後再冷藏30分鐘。

⑯ 將內餡填入擠花袋，以畫圓圈的方式擠在餅乾上，再蓋上另一片餅乾即可。

Tips 冷凍30分鐘後再享用，會更有口感。
可選用8齒花嘴讓內餡富有紋路。

拿拿摳厭世語錄

被稱之為馬卡龍的好姊妹，兩者都適合搭配茶，會不會因為同時愛上同一杯茶搞得姊妹鬩牆？一定會。

臺味十足！展現鄉土
接地氣的臺式甜點

 臺式馬卡龍　　喚起台灣魂，找回童年好滋味

 白糖粿　　　　南部人引以為傲的必吃美食

 QQ 地瓜球　　嚼到停不下來的經典夜市美食

 脆皮牛奶甜甜圈　成功解鎖排隊美食

 黑糖糕　　　　超越阿嬤的古早味

 蛋黃酥　　　　讓你月圓臉更圓的蛋黃酥

臺式馬卡龍

喚起臺灣魂，找回童年好滋味

現在坊間似乎已經很少看見臺式馬卡龍的蹤影，不過它的作法非常簡單，自己做也絕對沒問題！

臺式馬卡龍一定要夾有內餡才好吃，不然單吃蛋糕體會很像在吃手指餅乾，略為無聊。外層酥香，裡面類似海綿蛋糕的口感，內餡再用苦甜巧克力中和掉蛋糕體的甜味，做給阿公阿嬤吃一個懷念，稱讚到會彈舌！

示範影片

材料

全蛋	1 顆	
蛋黃	1 顆	
二號砂糖	40g	
低筋麵粉	60g	
鹽巴	1g	
香草籽醬	少許	
糖粉	適量	

■內餡

73% 苦甜巧克力	100g
無鹽奶油	10g
動物性鮮奶油	50g

作法

混合麵糊

❶ 將蛋液、二號砂糖和鹽巴混合，隔水加熱至 30 ～ 40 度，至二號砂糖完全融化。

❷ 以手持攪拌器打發隔水加熱過後的蛋液，打至全發。蛋糕勾起後滴落痕跡不會馬上消失的狀態。

❸ 加入香草籽醬並混合均勻。

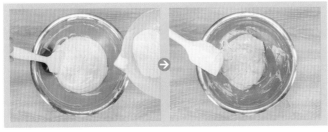

❹ 加入過篩低筋麵粉，分 2 ～ 3 次加入蛋糊中，由下往上輕輕拌勻，盡快拌勻避免消泡。

191

❺ 將麵糊放入擠花袋,在鋪有烘烤紙的烘盤上,擠出約十元硬幣的大小,擠完後往上拉提,再輕輕往下壓平尖角。

Tips 花嘴選用口徑適中,不宜太大。放入麵糊前,可用夾子夾住洞口上方的擠花袋,避免麵糊流出。

❻ 來回兩次的均勻撒上過篩糖粉,放入預熱好的烤箱,以上下火 190 度烘烤 7 分鐘。

Tips 撒上糖粉有助於烘烤定型,可視成品顏色加烤 2 ～ 3 分鐘至偏金黃色澤。

❼ 將苦甜巧克力和奶油隔水加熱,融化攪拌均勻,即可離火。

❽ 加入鮮奶油,慢慢攪拌均勻。

❾ 塗上適量的內餡,輕輕蓋上即完成。

拿拿摳厭世語錄

臺式馬卡龍跟馬卡龍一點關係都沒有,只是形狀像。就跟大白也可以叫金城武一樣,反正都是男生。

白糖粿
南部人引以為傲的必吃美食

白糖粿是台南、高雄地區相當著名的小吃，南部鄉親們快用這道獨特美食，收服中北部友人的味蕾，讓他們見識到簡單卻扎實的美味。

白糖粿的主要材料是糯米粉，所以簡單來說，它就是炸麻糬。油炸過後，呈現外酥脆、內軟嫩又熱呼呼的口感，炸好就要立即享用，才是品嘗它的黃金時刻！

形狀也會因製作者本身喜好或手感有所不同，但請放心美味相同。

示範影片

◢ 材料

▌主體

開水	150g
糯米粉	200g
二號砂糖	30g
香草籽醬	少許

▌沾料

花生粉	20g
芝麻粉	20g
白細砂糖	50g

◢ 作法

製作糯米團

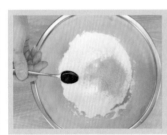 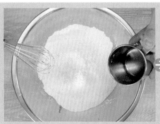 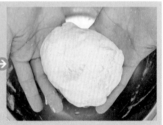

❶ 糯米粉、砂糖、香草籽醬，攪拌混合。

❷ 加入水，稍微混合後再用掌心揉至成團且表面光滑不黏手，放於室溫靜置 5 ～ 10 分鐘。

> **Tips** 糯米團表面如太乾有裂痕，可再追加一點水。

❸ 取糯米團 30g 搓成長條圓柱狀，再稍微壓扁平。

❹ 拿起糯米麵團兩邊，旋轉成螺旋狀。

油炸裹粉

❺ 油鍋加熱至 160 度，放入糯米團，待定型浮起再稍微翻面。炸 5 ～ 6 分鐘至呈金黃色澤後即可起鍋。

❻ 趁炸好的糯米團尚有溫度，放入混合好的芝麻粉、花生粉、白細砂糖中，均勻裹粉。

Tips 也可以用白細砂糖加抹茶粉、紫薯粉，變換口味。

拿拿摳厭世語錄

相由心生的一道甜點，腦海裡想什麼，它的形狀就像什麼。
佛印說：「心中有佛，看什麼都是佛。」

QQ地瓜球
嚼到停不下來的經典夜市美食

金黃渾圓的地瓜球向來都是夜市裡的超夯排隊王，外脆內 Q 的嚼勁，偶爾突然想起那美好的滋味卻又沒辦法在樓下超商就買到，才知道嘴饞起來會出人命啊！

幸好地瓜球的作法就跟可愛的外型一樣單純，只要家裡有電鍋跟油鍋，不用再人擠人等老半天，在家就能做出媲美夜市口感的銷魂 QQ 地瓜球。

加甘梅粉居然會被吐槽？超好吃的好不好！

示範影片

材料

（約 40 顆）

地瓜	200g	煉乳	15g
地瓜粉	90g	溫開水	適量
二號砂糖	40g		

作法

蒸地瓜

❶ 選用黃肉或紅肉的地瓜皆可，將地瓜去皮，切成薄片。

> **Tips** 如果想做出紫色地瓜球，則可使用芋心番薯製作。

❷ 地瓜放入電鍋內鍋，外鍋加入約 300ml 的水，蒸煮 15 分鐘。

> **Tips** 使用筷子插過地瓜，若能輕易穿透就代表蒸熟了。

混合材料

❸ 趁地瓜還有熱度時攪拌成泥，再加入砂糖、煉乳，攪拌均勻。

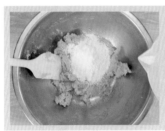

❹ 地瓜粉分兩次加入，用手抓拌均勻至完全看不到粉末顆粒。

❺ 加入少許開水，每次最多加入 5g，幫助地瓜泥捏成團狀。

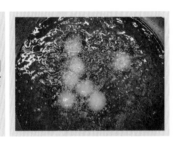

❻ 將地瓜球分成 10g 一顆，搓揉成圓球狀。

Tips 也可先將地瓜泥搓成長條，用刮版切成一顆 10g 的分量後再稍微搓圓。

❼ 準備 150 ～ 160 度的油鍋，將地瓜球下鍋後，用撈網持續攪拌滾動，避免地瓜球互相沾黏或黏在鍋底。

Tips 若沒有測溫槍，也可以在熱油中插入一根竹筷，邊緣開始連續冒出細小泡泡就代表可以油炸。

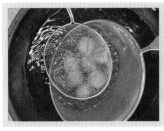

起鍋的地瓜球可放在廚房紙巾上吸油。

❽ 地瓜球稍微浮至表面時，撈起地瓜球輕輕按壓 2 ～ 3 次。

❾ 繼續油炸 3 ～ 4 分鐘，炸至表面呈現金黃色時轉大火，再炸 1 ～ 2 分鐘起鍋。

拿拿摳厭世語錄

什麼！你沒聽過 QQ 蛋？？？真的 QQ 了。

拿拿摳夜市必吃三大美食，另外兩個是章魚燒跟甘草拔辣（誰想知道）。

脆皮牛奶甜甜圈

成功解鎖排隊美食

甜甜圈是我們從小吃到大的銅板美食，裹上特調脆皮粉漿炸至金黃色澤，咬下滿嘴的酥脆奶香，內心的空虛就跟甜甜圈中間的洞一樣，啊姆啊姆吃完就不見了，就是這麼神奇。

想吃排隊美食又怕人擠人？拿拿摳教你在家做出超好吃脆皮牛奶甜甜圈，不只補充熱量，也能填補心中的空缺喔！最後撒上喜歡的佐料能變化出不同風味！

示範影片

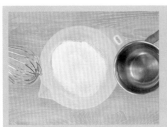 材料

脆皮粉漿

低筋麵粉	55g
冰開水	75g
植物油	10g
泡打粉	1g
香草籽醬	少許

麵團（A）

牛奶	50g
二號砂糖	20g
無鹽奶油	10g
低筋麵粉	50g

麵團（B）

高筋麵粉	190g
泡打粉	1g
乾酵母粉	5g
全脂奶粉	30g
楓糖	30g
牛奶	60g
開水（或牛奶）	60g

作法

製作粉漿

❶ 過篩低筋麵粉中加入泡打粉，倒入冰水並持續攪拌，避免結塊。

Tips 使用冰水製作粉漿，炸起來才會酥脆。

❷ 加入植物油拌勻。

❸ 加入香草籽醬混勻，冷藏半小時以上。

製作麵團 A

❹ 牛奶倒入鍋中，加入 奶油與砂糖，加熱至 奶油融化、鍋邊冒小 泡即可離火。

❺ 加入過篩後的低筋麵粉，持續攪拌至成團、表 面光滑，放入大碗中備用。

製作麵團 B

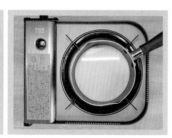

❻ 牛奶倒入鍋中，加入水，小火加熱至 30～40 度即可離火。

Tips 溫度過高酵母會失去活性，因此加熱不可超 過 45 度。可稍微滴在手背上測試溫度，不要有燙 手的感覺。

❼ 加入乾性酵母粉，攪 拌一下備用。

❽ 將過篩的高筋麵粉加入步驟 5 的麵團 A，加入 泡打粉與全脂奶粉，將麵團稍微搓揉開來。

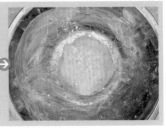

❾ 加入楓糖漿提味，攪拌均勻。

> **Tips** 也可依個人喜好，使用蜂蜜提味。

❿ 將步驟 7 的牛奶加入，抓拌搓揉成團，蓋上保鮮膜，放於室溫（約 25 ～ 30 度），發酵 30 分鐘。

整形發酵

⓫ 麵團分成八等分（一份約 50 ～ 52g）。將麵團揉成圓球形，用手掌拍扁後，用手指在中間戳出一個小洞。

> **Tips** 甜甜圈的洞可以稍微留大一些，避免在後續發酵中麵團又黏在一起。

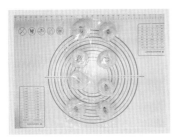

油炸

⓬ 蓋上保鮮膜，放於室溫發酵 15 分鐘。

⓭ 將發酵完成的甜甜圈，沾上步驟 3 的粉漿，放在網架備用。

⓮ 油鍋加熱至 170 度，轉至小火維持油溫，將甜甜圈放入油鍋，並不時翻面，將麵團炸至表面呈金黃色。

Tips 若沒有測溫槍，可以用筷子沾一點粉漿滴入油鍋當中，粉漿會浮上表面即可油炸。

⓯ 炸好的甜甜圈放在廚房紙巾上吸去多餘油分，再撒上糖粉。

Tips 也可使用奶粉或可可粉取代糖粉，口味更加豐富。

拿拿摳厭世語錄

夜市套圈圈不可以拿這個來丟喔，老闆會接得很開心。

黑糖糕
超越阿嬤的古早味

濃濃的黑糖味加上軟Q口感，就是黑糖糕這道傳統點心讓人愛不釋手、一口接一口的祕密。作法其實超簡單！只要你有電鍋都可以自己做，特別加入升級手法，把黑糖炒香香再加入蜂蜜提味，保證你做出來的黑糖糕海放所有阿婆。

嘴饞不用跑去澎湖、也不用追神祕無名小車車，自己動手喇一喇、炊一炊，就能吃到香Q誘人的美味黑糖糕。

示範影片

材料

高筋麵粉	50g	無鹽奶油	20g
中筋麵粉	200g	鹽巴	1 小撮
樹薯粉	100g	白芝麻	少許
黑糖	150g		
熱開水	360g		
蜂蜜	20g		
泡打粉	13g		

■ 模具

7 吋蛋糕模

作法

 煮黑糖

❶ 鍋 中 加 入 150g 黑糖，先倒入 10g 水，以中小火拌炒，留意不要沾鍋。

❷ 拌至沸騰冒煙後關火，加入開水 350g 攪拌成黑糖液，放涼至常溫備用。

黑糖麵糊

❸ 過篩高筋麵粉、中筋麵粉，加入樹薯粉、泡打粉、鹽巴，再加入常溫黑糖液拌勻。

Tips 黑糖液要放至常溫，避免影響口感。可以分多次少量加入，均勻將小結塊拌開。

❹ 加入蜂蜜混勻，增加
香甜與濕潤度。

❺ 加入隔水加熱後的液
態奶油，攪拌均勻。

❻ 模具內鋪入略高於邊
緣的烘焙紙，倒入黑
糖麵糊。輕敲桌面，
排出多餘空氣並使表
面平整。

蒸熟

❼ 電鍋內放水與蒸架，放入黑糖糕蒸 30 分鐘。
稍微冷卻後撒上以 160 度烘烤 10 分鐘的白芝
麻裝飾即可。

Tips 電鍋需要先預熱，冒出蒸氣後放入黑糖糕再
計時。黑糖糕趁熱撒上芝麻，才能順利附著。放涼
後一天內要吃完，避免硬掉影響口感。

拿拿摳厭世語錄

比起黑糖糕，我更喜歡澎湖的陽光沙灘
男孩（只有男孩吧）！
原來很多甜點都是炊出來的，這個我太
在行了。

蛋黃酥

讓你月圓臉更圓的蛋黃酥

每逢中秋節必吃的月餅第一名就是蛋黃酥了，但是小小一顆蛋黃酥，功夫與眉角倒不少。要怎麼做才能順利起酥、層層分明，上面的蛋黃液還能漂亮不裂開？這些問題拿拿摳都聽到了！手把手教你們做出漂亮又好吃的極品蛋黃酥！

特別加入奶粉調味，做出來的蛋黃酥奶香奶香，甜鹹滋味和酥皮的口感在口中融入得恰到好處，保證連挑嘴的長輩都能收服，全家吃到 chill 嗨嗨。

但是做月餅盡量不要太高調，爸媽通常就會要你做出來送給他們的朋友……。

示範影片

材料

油皮

中筋麵粉	100g
豬油（或無水奶油）	35g
二號砂糖	15g
冰開水	45g
奶粉	10g

油酥

低筋麵粉	100g
豬油	50g

內餡

鹹蛋黃	10 顆
烏豆沙	180g
米酒	少許

裝飾

蛋黃液	1 顆分量
黑芝麻	少許

作法

製作油皮

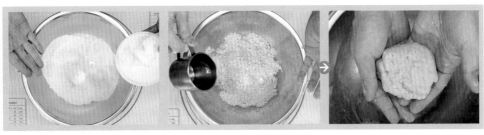

❶ 中筋麵粉過篩，加入砂糖和奶粉攪拌均勻。加入豬油，與粉材攪拌成顆粒狀。

❷ 分次加入冰開水拌勻，如底部出現粉粒，代表可以再多加一些冰水。揉拌至成團，無粉粒、不沾手即可。

Tips 豬油遇熱會融化，麵團容易變得太濕，務必使用冰水幫助成團。

❸ 將油皮麵團推揉 5～
6 分鐘，增加麵團筋
性，表面光滑即可進
行分切。

❹ 將麵團分成十等分，每份約 20g，用手稍微搓
圓後蓋上保鮮膜，室溫靜置鬆弛 30 分鐘。

製作內餡

❺ 在鹹蛋黃表面塗上米酒去腥，放入預熱好的烤
箱，以上下火 150 度烤 15 分鐘，放涼備用。

❻ 將烏豆沙分為 18g 一
份，揉成圓形後稍微
壓扁。

❼ 在豆沙餡上放入一顆鹹蛋黃，一手持豆沙餡旋
轉，另一手以拇指和食指根部虎口捏起豆沙餡
邊緣，將蛋黃完全包入，不會漏出即可。包好
後冷凍備用。

製作油酥

❽ 低筋麵粉過篩,加入
豬油拌勻成團。

Tips 若用刮刀攪拌不
易成形時,可使用雙手
抓拌,但勿過度搓揉。

❾ 將油酥麵團分成 15g 一份,搓圓備用。

Tips 豬油遇熱容易融化,若油酥開始黏手,可以冷
凍 1 ～ 2 分鐘硬化。

油皮包油酥

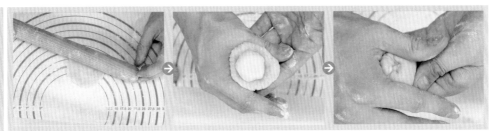

❿ 將步驟 4 的油皮壓扁,放上油酥旋轉包起,收緊收口後朝下放置。

Tips 一定要收緊收口,以免油酥漏出。包好後,一樣要蓋上保鮮膜,避免水分
流失。

反覆擀平

⓫ 將包好的油皮,以擀麵棍上下來回擀平兩次,
將麵團外側往身體方向捲起。

⓬ 開口朝上放回保鮮膜
內,室溫靜置鬆弛
15 分鐘。

⓭ 鬆弛後的麵團直放，
開口朝上再次擀開，
來回擀開兩次，將麵
團擀至約兩指寬。

⓮ 從外側往身體方向捲起，再次放入保鮮膜，室
溫靜置 15 分鐘。

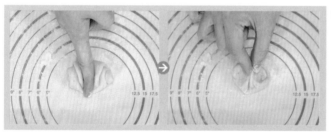

⓯ 取出靜置完的麵團橫
放，用一根手指頭從
中間壓下，兩邊聚起
後用虎口壓平，再用
擀麵棍擀得更平。

包餡

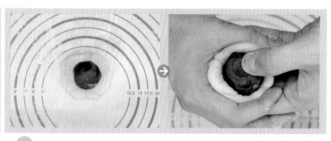

⓰ 放上一顆烏豆沙餡，
用油皮將烏豆沙餡旋
轉包起，確實收好收
口、整理形狀後收口
向下放置。

Tips 可用麵粉稍微補強油皮太薄處，避免破裂。

⓱ 表面薄薄刷上一層蛋黃液，等表面稍微乾後再刷上第二層，避免烤時表面裂開，出爐會比較美觀。

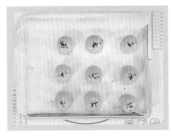

⓲ 撒上黑芝麻後，放入預熱好的烤箱，以上下火170度烤30分鐘即完成。

拿拿摳厭世語錄

你身邊一定會有一個會做蛋黃酥，還會接訂單的朋友。要不就是你自己。

讓拿拿摳陪你一起開心做甜點吧！————

　　先在此聲明，這是一本食譜書，也是寫真書，它也是我們這兩年多的學習心得，與觀眾共同完成的著作（官腔）。

　　上次進棚拍照的時候，我們將所有服裝陳列出來，其中訂製的圍裙就有五件，編輯忍不住問：「怎麼會一次做這麼多衣服？」

　　其實，這些衣服都來自不同時期。素面圍裙、卡通圍裙、訂製皮標圍裙和繡字廚師服，湊巧成為每個時期的寫照。

　　為了帶給觀眾新的東西，拿拿摳經常想著如何精進，如何讓教學更有趣，如何讓食譜多點巧思；而我們也想著怎麼優化，怎麼讓節目更好看，怎麼讓畫面多點變化。

　　回顧以前的影片，除了甜點擺設、場景和服裝都有明顯差異，拿董表演越來越自在，尺度也越來越「母湯」。與拍攝初期生澀澀的模樣，簡直

身上的圍裙，也代表了頻道的
不同階段。

判若兩人，曾經有後期加入的粉絲，留言說：「我是看了布丁那集來的，這真的是同一個老師嗎？」

　　然而，唯一不變的是腳底下那雙藍白拖，他一樣是那個刀子嘴豆腐心、做事真誠的庶民甜點師。

　　這次收錄的甜點品項，幾乎都是收視最熱門、最受歡迎的，拿董也參照觀眾的回饋，將食譜加以調整，最後才集結成冊。希望透過這本書，讓更多人對烘焙產生興趣，讓拿拿摳陪你一起開心做甜點吧！

　　如果喜歡我們的著作，記得訂閱及分享 YouTube 頻道、追蹤臉書粉絲頁和 IG 唷！

厭世甜點店 大白

因為這本書，三人難得人模人樣入鏡同框。

願我們能為你的厭世日常，
帶來些許歡笑與收穫

「人生經歷的每個人、事、物，日後往往都能成為工作或創作的養分。」

從沒有想過我現在會在幫一本書寫後記，原本只是單純地從事影像製作的工作，因為夥伴們一句「欸，要不要來玩看看」，就一路的走到現在。從經營 YouTube 頻道到出版烘焙書，完全不在我原本的人生規劃中，可以說是個偶然的意外，但仔細想想，又似乎是個自然的結果。

在大學時，因為念的是廣播電視學系，因此學會了怎麼企劃、攝影和製作影片，畢業後也順其自然地從事相關行業，累積了一定知能。而在學期間所遇到的同學，也擁有了各種十八般武藝，互相協助互補，成為了工作的好夥伴。再加上水瓶座喜歡自由不想被拘束的機車個性，厭倦了幫別人打工，因此和夥伴創業從事新媒體經營，也就不那麼意外了。

這本書的每一道甜點、每個步驟、每個鏡頭，都不假他人之手。

　　而這一本書，可以說集結我們這兩年創作之大成，書中每一道甜點，每個步驟，都是由拿拿摳親自示範；大部分的甜點，也都能找到相對應的教學影片；書中每張甜點照片，也都是由我們親手拍攝，此外還有偶而神來一筆的趣味語錄。這一切的一切，都是希望能帶給大家最原汁原味、既富含知識又妙趣橫生的厭世甜點店。

　　「願我們的作品，能為你在頗為厭世的日常中，帶來些許歡笑與收穫。」這是我們做頻道的初心，此書亦然，希望你們會喜歡。如果你能從中獲得些什麼，那對我們將是莫大的鼓勵與動力。

厭世甜點店 *Tace*

經營頻道兩年多，每支影片都是我們的辛苦結晶。

生活樹 90

拿拿摳的厭世甜點店

蛋糕、派塔、小餅乾，拯救厭世人生的 42 道甜點

作　　　者　拿拿摳
攝　　　影　Taco（甜點）、力馬亞文化創意社（人物）
製 作 統 籌　大白
總 編 輯　何玉美
主　　　編　紀欣怡
編 輯 協 力　謝宥融、盧欣平
封 面 設 計　張天薪
版 面 設 計　theBAND・變設計─ Ada

出 版 發 行　采實文化事業股份有限公司
行 銷 企 劃　陳佩宜・黃于庭・蔡雨庭・陳豫萱・黃安汝
業 務 發 行　張世明・林踏欣・林坤蓉・王貞玉・張惠屏
國 際 版 權　王俐雯・林冠妤
印 務 採 購　曾玉霞
會 計 行 政　王雅蕙・李韶婉
法 律 顧 問　第一國際法律事務所　余淑杏律師
電 子 信 箱　acme@acmebook.com.tw
采 實 官 網　http://www.acmebook.com.tw
采 實 臉 書　http://www.facebook.com/acmebook01

I S B N　978-986-507-534-7
定　　　價　380 元
初 版 一 刷　2021 年 10 月
劃 撥 帳 號　50148859
劃 撥 戶 名　采實文化事業股份有限公司
　　　　　　104 台北市中山區南京東路二段 95 號 9 樓
　　　　　　電話：(02)2511-9798
　　　　　　傳真：(02)2571-3298

國家圖書館出版品預行編目資料

拿拿摳的厭世甜點店：拯救你厭世人生的
42 道甜點 / 拿拿摳著 . -- 初版 . -- 臺北市：
采實文化事業股份有限公司, 2021.10
224 面；17 × 23　公分 . -- (生活樹；90)
ISBN 978-986-507-534-7(平裝)

1. 點心食譜

427.16　　　　　　　　　　110014397